ÉLÉMENTS

DE GÉOMÉTRIE

ÉLÉMENTS

DE

GÉOMÉTRIE

A L'USAGE

DES CLASSES DE LETTRES

PAR

M. Ch. BIOCHE

ANCIEN ÉLÈVE DE L'ÉCOLE NORMALE SUPÉRIEURE, AGRÉGÉ DES SCIENCES
MATHÉMATIQUES, PROFESSEUR AU LYCÉE LOUIS-LE-GRAND

DEUXIÈME ÉDITION, CORRIGÉE

PARIS

LIBRAIRIE CLASSIQUE EUGÈNE BELIN

BELIN FRÈRES

RUE DE VAUGIRARD, 52

1898

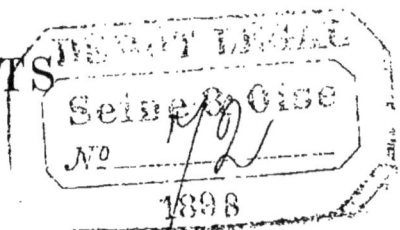

Tout exemplaire de cet ouvrage, non revêtu de notre griffe, sera réputé contrefait.

Belin frères

SAINT-CLOUD. — IMPRIMERIE BELIN FRÈRES

AVIS AU LECTEUR

Pendant deux ans j'ai été chargé de l'enseignement des mathématiques dans les classes de lettres
au lycée Michelet ; les réflexions que j'ai eu occasion
de faire en cette circonstance m'ont conduit à écrire
le livre que voici. Je crois bon d'en indiquer quelques-
unes.

La principale difficulté que l'on rencontre au début
de l'enseignement des mathématiques provient de ce
que celui-ci porte sur des abstractions. Les élèves de
quatrième dont l'âge moyen est treize ans, tout au
plus, courent risque de se rebuter en étudiant le premier livre de géométrie, qui leur paraît souvent
quelque peu sophistique. Pour éviter cet écueil, il
peut être utile de recourir à des procédés expéri-
mentaux, ou d'introduire des nombres dans des démonstrations comme je l'ai fait pour le premier et le
sixième théorème. En outre, et surtout, je crois qu'il
est nécessaire de donner des applications du cours
du genre de celle que je donne au n° 37 ou de celles
que j'énonce en divers endroits parmi les exercices.
Ces questions peuvent être résolues par des élèves
qui ne pourraient pas trouver eux-mêmes la démonstration d'un théorème abstrait ; elles leur permettent
de bien comprendre leurs théorèmes, et enfin les
élèves peuvent ainsi se rendre compte du parti qu'ils
peuvent tirer de leur cours.

La géométrie doit être un exercice de logique ;

aussi faut-il mettre en évidence les méthodes, c'est ce que je me suis surtout efforcé de faire à toute occasion ; par exemple en disposant en parallèle des démonstrations (théorèmes VII et VIII et théorèmes XI et XII) ; en insistant sur la répétition de certaines opérations de raisonnement (démonstration d'égalités et d'inégalités d'angles et de côtés) ; en classant d'une façon logique les constructions du deuxième livre, etc.

A l'occasion des revisions plus ou moins complètes du cours, il y a lieu de rapprocher les méthodes employées pour établir les diverses propositions d'une théorie ; de résumer chaque théorie de façon à dégager l'ordre d'importance des diverses propositions, et à reconnaître les propriétés fondamentales ; de chercher les analogies que peuvent présenter différentes questions. Ce travail est surtout profitable quand il résulte de l'initiative personnelle ; c'est pourquoi je me borne à l'indiquer ; tout en le recommandant particulièrement ; de même que celui qui consiste à analyser une démonstration pour bien se rendre compte de la marche suivie, comme on fait l'analyse logique d'un texte pour bien le comprendre.

J'ai suivi l'ordre qui est à peu près généralement adopté ; cependant j'ai mis les surfaces des polygones au début du troisième livre, comme l'avait fait Legendre, et j'ai rédigé le premier livre de géométrie dans l'espace en m'inspirant de la géométrie de MM. Rouché et de Comberousse.

ÉLÉMENTS
DE GÉOMÉTRIE

NOTIONS PRÉLIMINAIRES

1. — On appelle *axiome* une proposition évidente, par exemple, celle-ci : deux quantités égales à une troisième sont égales entre elles.

On appelle *théorème* une proposition que l'on peut rendre évidente au moyen d'un raisonnement.

On appelle *corollaire* une proposition qui résulte immédiatement d'un théorème qu'on vient de démontrer.

On appelle *hypothèse* une supposition. Dans les théorèmes on suppose que certaines propriétés d'une figure soient données, et on en conclut d'autres. C'est cette conclusion qui constitue la proposition à démontrer ou le théorème.

On dit que deux théorèmes sont *réciproques* si chacun d'eux a pour conclusion l'hypothèse de l'autre. On verra des exemples de théorèmes réciproques assez fréquemment par la suite.

2. — On appelle *volume* la portion de l'espace occupée par un corps.

On appelle *surface* la limite qui sépare un volume de l'espace environnant. Une surface n'a pas d'épaisseur ; un corps très mince, tel qu'une feuille de papier, en donne une idée.

On appelle *ligne* la limite d'une surface, ou la figure

tracée sur une surface par une autre surface qui la coupe.

Une ligne n'a ni épaisseur, ni largeur. Un fil très fin, un trait de crayon, le bord d'une feuille de papier peuvent en donner l'idée.

On appelle *point* l'extrémité d'une ligne limitée, ou l'intersection de deux lignes qui se rencontrent. Le point n'a ni épaisseur, ni largeur, ni longueur.

Si un point se déplace, il décrit ou engendre une ligne.

Si une ligne se déplace, elle occupe diverses positions sur une surface ; on dit qu'elle engendre cette surface.

Si une surface limitée se déplace, elle occupe diverses positions dans un volume ; on dit qu'elle engendre ce volume.

3. — On désigne d'ordinaire les figures au moyen de lettres. Par exemple, on dira : la figure formée par les points A, B, C.

Dans certains cas, on emploie des lettres avec des accents, par exemple A′, A″, ce qui s'énonce A prime, A seconde ; ou bien avec des indices A_1, A_2, ce qui s'énonce A indice un, A indice deux, ou plus simplement, A un, A deux.

4. — On dit que deux figures sont égales lorsqu'on peut les faire coïncider.

Deux figures égales peuvent être considérées comme deux positions différentes d'une même figure.

La coïncidence de deux figures peut n'être pas réalisable directement en pratique. Mais si, par exemple, deux figures sont tracées sur un tableau, on peut imaginer qu'on décalque l'une d'elles sur une feuille de papier, et, si le décalque est superposable à la seconde figure, on dira que ces figures sont égales.

De même, deux corps solides ne peuvent être superposés à cause de l'impénétrabilité de la matière dont ils sont composés. Mais on peut imaginer que l'on moule l'un d'eux, et, si l'autre entre exactement dans le moule, on dira que les figures sont égales.

Dans les deux cas que je viens de citer, j'applique

l'axiome : deux figures égales à une troisième sont égales.

Dans la suite, lorsque je dirai que je fais coïncider deux figures, je ferai abstraction de l'intermédiaire qu'il pourrait être nécessaire d'employer. D'ailleurs, toutes les fois qu'il s'agit de figures qu'on peut tracer sur une feuille de papier, on peut supposer que chaque figure est tracée sur une feuille particulière. Et il est utile pour certaines démonstrations d'employer effectivement des feuilles de papier, pour bien se rendre compte des opérations énoncées.

5. — La plus simple de toutes les lignes est la *ligne droite*, dont un fil tendu peut donner une idée.

On dit généralement, par abréviation, *droite* au lieu de *ligne droite* (*fig.* 1).

Fig. 1.

On appelle *ligne brisée* une ligne composée de portions de droites (*fig.* 2).

On appelle *ligne courbe*, ou plus simplement *courbe*, toute ligne qui n'est ni droite, ni brisée.

La ligne droite possède les propriétés suivantes que nous regardons comme évidentes :

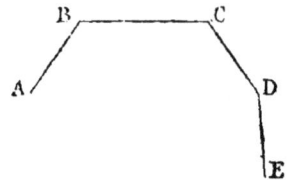
Fig. 2.

1° Deux points déterminent une ligne droite, ou autrement dit, par deux points, on peut toujours faire passer une droite et on n'en peut faire passer qu'une;

2° La ligne droite est le plus court chemin d'un point à un autre.

6. — On appelle *segment* de droite une portion limitée de cette droite. On appelle *arc* de courbe une portion limitée de cette courbe.

Étant donnés deux segments AB, CD (*fig.* 3), on peut porter la droite CD sur la droite AB, en plaçant le point C sur le point A. Si le point D vient au point B, les deux segments coïncident; ils sont égaux. On écrit alors :

$$AB = CD$$

1.

Si le point D vient en D' entre A et B, le segment AD', égal à CD, sera plus petit que AB. On écrit alors :

$$CD < AB$$

ou
$$AB > CD.$$

Si on porte CD à la suite de AB en plaçant le point C sur le point B, le point D tombera en un certain point E.

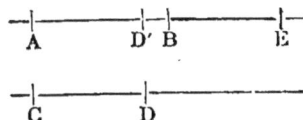

Le segment AE est la somme des segments AB et BE ou AB et CD. On écrit :

Fig. 3.

$$AE = AB + CD.$$

Inversement le segment AB est la différence des segments AE et CD,

$$AB = AE - CD.$$

En général, pour écrire les relations qui existent entre des segments ou d'autres grandeurs géométriques, on emploie les signes d'opérations usités en arithmétique, et les signes d'égalité ou d'inégalité.

7. — On appelle *plan* une surface telle que toute droite qui a deux points communs avec elle y est contenue tout entière.

Un plan est illimité ; pour figurer un plan on en représente en général une portion limitée.

On appelle surface *polyédrique* une surface formée par des portions de plans.

On appelle *surface courbe* toute surface qui n'est ni plane, ni polyédrique.

8. — La géométrie a pour objet l'étude des propriétés des figures. En particulier, elle donne la solution de ce problème général : Étant donnés certains éléments d'une figure, trouver les autres.

On appelle *géométrie plane* la partie de la géométrie qui traite des figures tracées dans un plan, et *géométrie dans l'espace*, celle dans laquelle on considère des figures disposées d'une façon quelconque dans l'espace.

Les quatre premiers livres sont relatifs à la géométrie plane ; les trois suivants, à la géométrie dans l'espace.

ANGLES

9. — On appelle *angle* la figure formée par deux droites qui se coupent. Le point A, commun aux deux droites, est le *sommet* de l'angle (*fig. 4*). Les deux droites AB, AC sont les *côtés* de l'angle.

On désigne un angle soit par la lettre de son sommet, soit par trois lettres, placées une sur chaque côté et une au sommet ; celle-ci étant énoncée entre les deux autres.

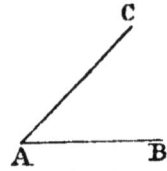

Fig. 4.

Ainsi on dira : l'angle Â ou l'angle BAC.

On peut considérer un angle comme engendré par la rotation d'une droite qui tourne autour du sommet de façon à venir d'un côté sur l'autre ; par exemple de AB sur AC.

10. — Étant donnés deux angles BAC, EDF (*fig. 5*) ; pour les comparer, on fait coïncider les sommets en plaçant un côté de l'un, DE par exemple, sur un côté AB de l'autre. Si DF tombe sur AC, on dit que les angles sont égaux. Si DF tombe en AF' à l'intérieur de BAC, on dit que EDF est plus petit que BAC.

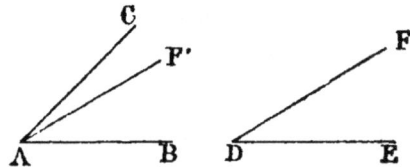

Fig. 5.

Pour ajouter deux angles, on fait coïncider un côté de l'un avec un côté de l'autre, les sommets étant au même point et les angles étant de part et d'autre du côté commun.

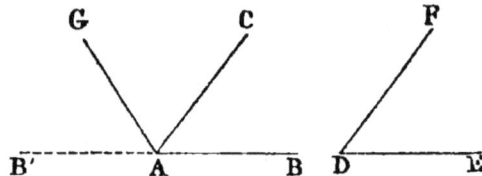

Fig. 6.

Ainsi, si on place DE sur AC, DF étant en AG de l'autre côté de AC par rapport à AB (*fig.* 6), l'angle BAG sera le sommet des angles BAC et CAG ou BAC et EDF.

$$BAG = BAC + EDF.$$

Pour avoir la différence, on place les deux angles d'un même côté du côté commun. Ainsi, la figure 5 montre que la différence entre BAC et DEF est F'AC.

Définition. — On dit que deux angles sont adjacents lorsqu'ils ont un côté commun, et sont situés de part et d'autre de ce côté.

LIVRE PREMIER

LA LIGNE DROITE

---

11. — Généralement, lorsque deux droites AA′ et BB′ se coupent, elles forment des angles adjacents inégaux ; et on dit alors que chacune de ces droites est *oblique* par rapport à l'autre.

Si deux angles adjacents sont égaux, on dit qu'ils sont *droits*, et que les deux droites sont *perpendiculaires* l'une sur l'autre.

Autrement dit, on appelle *perpendiculaires* deux droites qui forment deux angles adjacents égaux.

Le théorème suivant établit l'existence des droites perpendiculaires.

Théorème I

12. — **Par un point pris sur une droite, on peut élever une perpendiculaire sur cette droite, et on n'en peut élever qu'une.**

Soit A un point pris sur une droite BB′ (*fig.* 7), menons par le point A une droite quelconque, et considérons la portion AC de cette droite située au-dessus de BB′.

On peut imaginer que la droite AC tourne, dans un plan, autour du point A de façon à venir de la position AB à la position AB′. L'angle de droite BAC sera évidemment

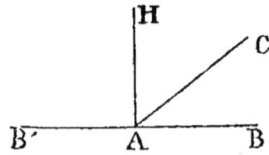

Fig. 7.

plus petit que l'angle de gauche B′AC, au début ; puis le premier ira en augmentant tandis que le second ira en diminuant; il arrivera un moment où l'angle de droite deviendra supérieur à l'angle de gauche. Il y aura eu un moment intermédiaire où les deux angles étaient égaux, pour la position AH, par exemple. Donc il y a une perpendiculaire à BB' au point A.

Il n'y en a qu'une, car, avant que AC atteigne la position AH, l'angle BAC était inférieur à BAH et l'angle B'AC supérieur à B'AH qui est égal à BAH; donc BAC < B'AC.

L'inverse a lieu si AC dépasse AH vers la gauche.

13. Remarques. — 1° On peut répéter le même raisonnement pour montrer qu'il y a une droite et une seule qui divise un angle en deux parties égales. Cette droite est ce qu'on appelle la *bissectrice* de l'angle.

2° Si on replie la figure autour de AH, AB vient coïncider avec son prolongement AB'. Et inversement si on replie une feuille de papier, de façon qu'une droite vienne coïncider avec son prolongement, la droite représentée par le pli du papier est perpendiculaire à la première, puisque les angles adjacents que le pli forme avec la droite considérée peuvent coïncider, et par suite sont égaux.

Théorème II

14. — Tous les angles droits sont égaux.

Soient deux angles droits BAC, EDF (*fig.* 8); portons EDF sur BAC de façon que, DE venant sur AB, DF tombe du même côté que AC, DF sera perpendiculaire à AB; or AC est par hypothèse perpendiculaire à AB, et, comme il ne peut y avoir qu'une perpendiculaire au point A (**12**), DF tombe sur AC; par suite BAC = EDF.

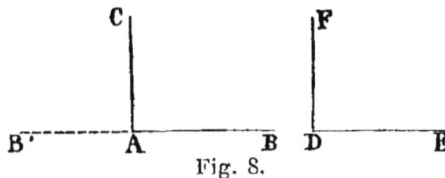

Fig. 8.

15. — L'angle droit ayant une grandeur invariable peut servir d'unité pour mesurer les angles.

On dit qu'un angle est *aigu* s'il est plus petit qu'un angle droit.

On dit qu'un angle est *obtus* s'il est plus grand qu'un angle droit.

On dit que deux angles sont *complémentaires* lorsque leur somme est égale à un angle droit.

On dit que deux angles sont *supplémentaires* lorsque leur somme est égale à deux angles droits.

Remarque. — Dans la pratique, au lieu de prendre pour unité l'angle droit, on prend $\frac{1}{90}$ de cet angle ; on appelle cette unité le degré. Le degré se partage en 60 minutes ; la minute, en 60 secondes.

Un angle de 22 degrés 37 minutes 6 secondes 45 centièmes s'écrit :

$$22° \ 37' \ 6'',45.$$

Théorème III

16. — **Si une droite en rencontre une autre, elle forme avec elle des angles adjacents supplémentaires.**

Soient CAB, CAB' (*fig.* 9), deux angles adjacents formés par AC et BB', élevons la perpendiculaire AH,

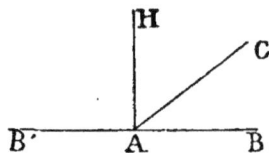

$$CAB' = B'AH + CAH,$$

donc

Fig. 9.

$$CAB' + CAB = B'AH + CAH + CAB.$$

Or, le premier angle de la dernière somme est droit et CAH + CAB = BAH = 1 droit, donc

$$CAB' + CAB = 2 \text{ droits.}$$

7. Corollaires. — 1° Pour construire le supplément d'un angle, il suffit de prolonger l'un de ses côtés.

2° La somme des angles faits autour d'un point d'un même côté d'une droite est égale à deux droits.

Car (*fig*. 10) si AH est perpendiculaire à BB' ; on a

$$EAH + HAD = EAD,$$

donc

$$B'AE + EAD + DAC + CAB$$
$$= [B'AE + EAH] + [HAD$$
$$+ DAC + CAB],$$

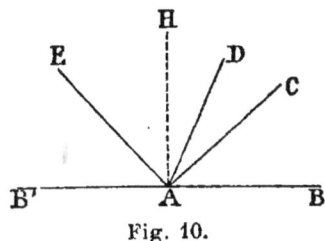

Fig. 10.

et chaque parenthèse fait un angle droit.

3° La somme des angles faits autour d'un point est égale à quatre angles droits. — Car si on prolonge un côté d'un des angles, il suffit d'appliquer le corollaire précédent aux angles situés de part et d'autre.

Théorème IV

18. — **Si deux angles adjacents sont supplémentaires, les côtés non communs sont en prolongement.**

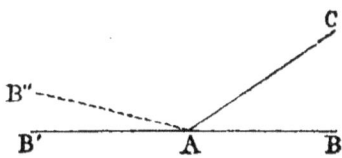

Fig. 11.

Soient CAB, CAB' (*fig.* 11), deux angles adjacents supplémentaires, soit AB'' le prolongement de AB. CAB'' et CAB' sont égaux comme suppléments d'un même angle CAB (**16**), donc AB'' coïncide avec AB'.

Théorème V

19. — **Si deux droites se coupent, les angles opposés par le sommet sont égaux.**

On appelle opposés par le sommet deux angles tels que BAC, B'AC', c'est-à-dire tels que les côtés de l'un soient les prolongements des côtés de l'autre (*fig.* 12).

BAC et B'AC' ont tous deux pour supplément BAC'(16), donc ils sont égaux.

20. Remarque. — Il résulte des théorèmes précédents que les quatre angles formés par deux droites qui se coupent sont deux à deux égaux ou supplémentaires. Il suffit d'en connaître un pour avoir les trois autres.

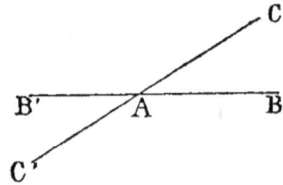
Fig. 12.

En particulier, si l'un des angles est droit, tous les autres le sont aussi, puisque le supplément d'un angle droit est un angle droit.

EXERCICES

1. — Calculer le complément et le supplément de l'angle
23° 27′ 32″.

2. — Deux droites se coupent en faisant des angles dont l'un est $\frac{10}{27}$ d'angle droit. Calculer les autres angles.

Evaluer tous ces angles en degrés.

3. — Par un point O d'une droite AB on mène d'un même côté de AB des droites OC, OD telles que AOC $= \frac{7}{12}$ d'angle droit et BOD $= \frac{3}{4}$. Calculer COD.

Evaluer tous ces angles en degrés.

4. — Démontrer que si deux angles adjacents sont supplémentaires leurs bissectrices sont perpendiculaires.

5. — Démontrer que si deux angles sont opposés par le sommet leurs bissectrices sont en prolongement.

LES TRIANGLES

21. Définitions. — On appelle *polygone* une ligne brisée fermée (*fig.* 13). Les segments qui composent cette ligne brisée sont les *côtés* du polygone.

Les points communs à deux côtés consécutifs sont les *sommets*. On appelle angles du polygone les angles for-

més par les côtés consécutifs. Une droite qui joint deux
sommets non consécutifs est une diagonale.

On appelle triangle le polygone de trois côtés.

—	quadrilatère	—	quatre côtés.
—	pentagone	—	cinq côtés.
—	hexagone	—	six côtés.
—	octogone	—	huit côtés.
—	décagone	—	dix côtés.
—	dodécagone	—	douze côtés.
—	pentédécagone	—	quinze côtés.

En général, on ne donne pas de noms spéciaux aux
polygones autres que ceux que je
viens d'énumérer ; ainsi, on dira simplement : un polygone de seize côtés.

On dit qu'un polygone est *convexe*
lorsque la figure est tout entière située du même côté de l'un quelconque
des côtés du polygone supposé pro-
longé indéfiniment.

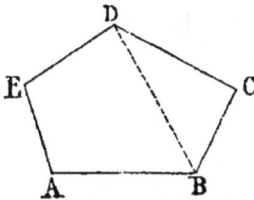

Fig. 13.

Un triangle est évidemment convexe.

Théorème VI

**22. — Dans un triangle un côté quelconque est
plus petit que la somme des deux autres et plus
grand que leur différence.**

1° Dans un triangle ABC (*fig.* 14), le côté BC, par
exemple, est plus court que
la ligne brisée BA + AC (5).
Ce qu'on peut écrire

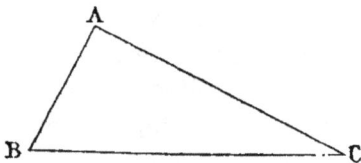

Fig. 14.

$$BC < AB + AC.$$

2° Le côté BC est supérieur
à la différence AC — AB.

En effet, supposons que AC ait 10^m et AB 7^m, si BC était
inférieur ou égal à la différence 10 — 7 = 3^m, AC serait

supérieur ou égal à la somme des côtés AB et BC. On doit donc avoir

$$BC > AC - AB.$$

23. Corollaire. — Si on joint un point O, intérieur à un triangle ABC, à deux sommets B et C, on a (*fig. 15*)

$$OB + OC < AB + AC.$$

Il suffit de montrer qu'on peut trouver une ligne brisée, dont la longueur est intermédiaire entre celles des lignes brisées considérées.

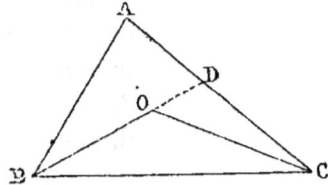

Fig. 15.

Si on prolonge BO jusqu'à sa rencontre avec AC au point D, on a, dans le triangle OCD (**22**),

$$OC < OD + DC,$$

donc

$$OB + OC < OB + OD + DC = BD + DC,$$

d'autre part, dans le triangle ABD,

$$BD < AB + AD,$$

donc

$$BD + DC < AB + AD + DC = AB + AC.$$

La somme BD + DC étant plus grande que OB + OC et plus petite que AB + AC, il résulte que :

$$OB + OC < AB + AC.$$

24. Remarque. — Le théorème précédent donne une méthode pour démontrer l'inégalité de deux longueurs ; il suffit de former un triangle, dont un côté soit égal à l'une des longueurs la somme des deux autres étant égale à l'autre longueur, pour conclure immédiatement que la première est inférieure à la seconde. On verra plus loin des applications de cette méthode.

25. Remarque. — Si deux triangles ABC, A'B'C' sont égaux, les trois côtés de l'un sont respectivement égaux aux trois côtés de l'autre; il en est de même des angles ; on a donc entre les éléments des triangles les six égalités :

$$A = A', \qquad B = B', \qquad C = C',$$

$$BC = B'C', \qquad AC = A'C', \qquad AB = A'B'.$$

Mais, pour pouvoir affirmer que deux triangles sont égaux, il suffit qu'on connaisse l'existence de trois de ces égalités; on en conclut alors l'existence des trois autres. Les théorèmes suivants montrent quels sont les systèmes de trois égalités qui entraînent les trois autres.

Théorème VII (1er cas d'égalité)

26. — Si deux triangles ont un *côté* égal, adjacent à deux *angles* égaux chacun à chacun, ces triangles sont égaux.

Hypothèse (*fig.* 16). — BC = B'C', C = C', B = B'.

Je porte A'B'C' sur ABC de façon que le *côté* B'C' soit

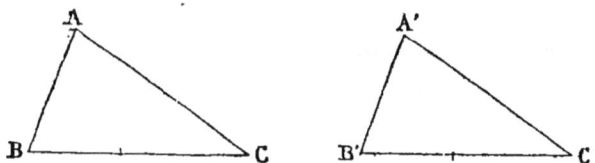

Fig. 16.

sur le *côté* égal BC, les *sommets d'angles* égaux étant superposés.

Comme B' = B, B'A' viendra sur la *direction* BA ;

Comme C' = C, C'A' viendra sur la *direction* CA.

Le *point* A' sera donc situé à la fois sur BA et sur CA, il viendra donc au *point* A, *point* d'intersection de ces *droites;*

Donc les triangles coïncident, et on a

$$A = A', \quad AC = A'C', \quad AB = A'B'.$$

Théorème VIII (2ᵉ cas d'égalité)

**27. — Si deux triangles ont un *angle* égal adjacent
à deux *côtés* égaux chacun à chacun, ces triangles
sont égaux.**

Hypothèse (*fig.* 16). — $A = A'$, $AC = A'C'$, $AB = A'B'$.

Je porte $A'B'C'$ sur ABC de façon que l'*angle* A' soit sur
l'*angle* égal A, les *directions de côtés égaux* étant super-
posées.

Comme $A'C' = AC$, C' viendra sur le *point* C ;

Comme $A'B' = AB$, B' viendra sur le *point* B.

La *droite* $B'C'$ passera donc à la fois par B et par C,
elle viendra donc sur la *droite* BC, qui joint ces deux
points ;

Donc les triangles coïncident, et on a

$$BC = B'C', \quad B = B', \quad C = C'.$$

Remarque. — Les deux premiers cas d'égalité constituent deux théorèmes réciproques, et en outre, ils se
déduisent l'un de l'autre en échangeant *angles* et *côtés*.
De sorte qu'en somme on n'a qu'une seule méthode de
démonstration pour ces deux théorèmes. On verra, plus
loin, que cette même méthode s'applique à deux autres.
(Th. XI et XII.)

Théorème IX

**28. — Si deux triangles ont deux côtés égaux,
chacun à chacun, les angles compris entre ces côtés
sont dans le même ordre de grandeur que les côtés
opposés.**

Soient ABC, $A'B'C'$ (*fig.* 17), deux triangles dans lesquels on a :

$$AB = A'B', \quad AC = A'C'.$$

Si on avait, en outre, $A = A'$, les deux triangles seraient égaux comme réalisant les conditions du deuxième

cas d'égalité, on aurait donc $BC = B'C'$; si les angles sont inégaux, supposons, par exemple, $A > A'$, je dis que l'on aura $BC > B'C'$.

Je mène une droite AD faisant avec AB un angle $BAD = A'$, la droite AD étant située du même côté que AC, par rapport à AB. Comme $A > A'$, AD tombera à l'intérieur de l'angle BAC, si on prend $AD = A'C'$, le triangle BAD sera égal à B'A'C'

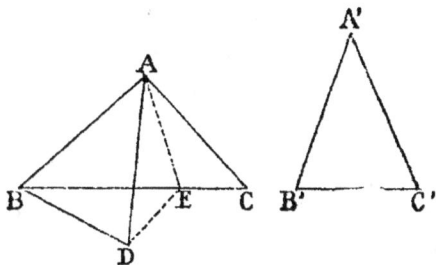
Fig. 17.

(deuxième cas d'égalité), et par suite, $BD = B'C'$.

Il suffit donc de montrer que $BC > BD$. Pour cela, je mène la bissectrice AE de l'angle DAC. Les triangles CAE, DAE sont égaux (27) comme ayant :

1° Les angles en A égaux par construction;

2° Le côté AE commun;

3° Les côtés AD et AC égaux, puisque $AC = A'C'$ par hypothèse et que $AD = A'C'$ par construction.

Donc, en vertu du deuxième cas d'égalité, on conclut que :

$$CE = DE.$$

Or, dans le triangle BDE, on a :

$$BD < BE + ED = BE + EC = BC.$$

Remarque. — Ce théorème permet de ramener la comparaison de deux angles à celle des côtés opposés à ces angles dans deux triangles, dont les autres côtés seraient égaux deux à deux.

THÉORÈME X (3° CAS D'ÉGALITÉ)

29. — Si deux triangles ont leurs trois côtés égaux chacun à chacun, ces triangles sont égaux.

En effet, si dans deux triangles ABC, A'B'C', on a :

$$BC = B'C', \quad AC = A'C', \quad AB = A'B',$$

les angles sont égaux, chacun à chacun. Les angles A et A', par exemple, étant compris entre des côtés égaux, chacun à chacun, sont dans le même ordre de grandeur que les côtés opposés BC et B'C' (**28**); or ces côtés sont égaux par hypothèse.

30. Remarque. — Ce troisième cas d'égalité des triangles ne peut pas se démontrer par superposition comme les premiers, parce que l'hypothèse ne comporte pas d'égalité d'angles. Or, pour qu'on puisse établir la coïncidence des deux figures, il faut toujours placer l'un sur l'autre des angles égaux; il en résulte alors que deux côtés de l'une ont, à la fois, même direction que les côtés correspondants de l'autre.

31. Remarque. — Les théorèmes précédents donnent une méthode générale extrêmement utile pour démontrer l'égalité de deux angles ou de deux longueurs rectilignes.

Pour démontrer l'égalité de deux angles ou de deux longueurs, il suffit de trouver des triangles dans lesquels entrent ces angles ou ces longueurs, et qui réalisent un des cas d'égalité. Les trois relations d'égalité correspondant à chaque cas entraînent les trois autres relations.

Cette méthode sera fréquemment appliquée par la suite.

TRIANGLE ISOCÈLE

32. Définitions. — On appelle triangle *isocèle* tout triangle qui a deux côtés égaux.

On appelle triangle *équilatéral* tout triangle qui a ses trois côtés égaux.

Les propriétés du triangle isocèle résultent de ce fait que deux triangles isocèles égaux peuvent être superposés de deux façons différentes.

Théorème XI

33. — **Si un triangle a deux** *côtés* **égaux, les** *angles* **opposés à ces** *côtés* **sont égaux.**

Soit un triangle ABC dans lequel on a (*fig.* 18)

$$AB = AC,$$

je fais un triangle A′B′C′ dans lequel

$$A'B' = AB, \quad A'C' = AC, \quad A' = A.$$

On peut superposer le triangle A′B′C′ au triangle ABC de façon à faire coïncider les sommets désignés par les mêmes lettres (deuxième cas d'égalité des triangles).

On peut aussi, puisque

$$A'B' = AB = AC, \quad A'C' = AC = AB,$$

superposer les deux triangles en plaçant A′ sur A, B′ sur

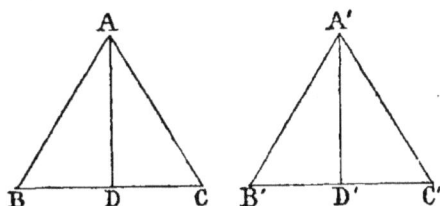

Fig. 18.

C et C′ sur B. Alors, on voit que *l'angle* B′ coïncide avec *l'angle* C, et *l'angle* C′ avec *l'angle* B. Donc

$$B = C';$$

mais la première superposition montre que

$$C' = C,$$

et alors

$$B = C.$$

Corollaire. — Si un triangle a ses trois *côtés* égaux, il a ses trois *angles* égaux.

Théorème XII

34. — Si un triangle a deux *angles* égaux, les *côtés* opposés à ces *angles* sont égaux.

Soit un triangle ABC dans lequel on a

$$B = C,$$

je fais un triangle A′B′C′ dans lequel

$$C' = C, \quad B' = B, \quad B'C' = BC.$$

On peut superposer le triangle A′B′C′ au triangle ABC de façon à faire coïncider les sommets désignés par les mêmes lettres (premier cas d'égalité).

On peut aussi, puisque

$$C' = C = B, \ B' = B = C,$$

superposer les deux triangles en plaçant A' sur A, B' sur C et C' sur B. Alors, on voit que le *côté* A'C' coïncide avec le *côté* AB et le *côté* A'B' avec le *côté* AC. Donc

$$AC = A'B',$$

mais la première superposition montre que

$$A'B' = AB,$$

et alors

$$AC = AB.$$

Corollaire. — Si un triangle a ses trois *angles* égaux, il a ses trois *côtés* égaux.

35. Remarques. — 1° Si un triangle ABC est isocèle, la droite qui joint le sommet A au milieu du côté BC et qu'on appelle *médiane* est perpendiculaire sur BC et divise l'angle A en deux parties égales.

2° Les démonstrations des théorèmes XI et XII ne sont en somme que les démonstrations des deuxième et premier cas d'égalité des triangles.

Théorème XIII

36. — Dans tout triangle, les angles et les côtés opposés sont rangés dans le même ordre de grandeur.

On a vu que si deux angles d'un triangle étaient égaux les côtés opposés étaient égaux et inversement. Supposons qu'on ait (*fig.* 19) B > C, je dis que AC > AB.

En effet, menons une droite BD, faisant avec BC un angle égal à l'angle C et située du côté de AB, comme

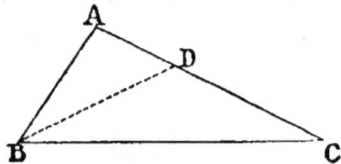
Fig. 19.

$$D\hat{B}C = \hat{C} < A\hat{B}C,$$

BD tombe à l'intérieur de l'angle ABC.

Le triangle DBC est isocèle comme ayant deux angles égaux (34), donc

$$BD = DC,$$

or, dans le triangle ABD, on a :

$$AB < AD + BD = AD + DC = AC.$$

37. Remarque. — Il résulte des théorèmes précédents que toutes les fois qu'on connaîtra une égalité ou une inégalité entre les angles d'un triangle, on pourra en déduire une relation du même genre entre les côtés opposés, ou inversement.

Par exemple, supposons que dans un triangle ABC on ait :

$$AB = AC = 6^m, \quad BC = 5^m,$$

de ce que $AB = AC$, je conclus que $\hat{C} = \hat{B}$,
de ce que $AB > BC$, je conclus que $C > A$.

On a donc :

$$A < B = C.$$

EXERCICES

1. — Dans un triangle un côté a 7 mètres de longueur, un autre a 3 mètres. On sait que le troisième côté contient exactement un nombre pair de mètres ; quelle peut être la longueur de ce côté ?

2. — Etant donné un triangle ABC, on prolonge AB au delà de A d'une longueur $AB' = AB$, de même on prolonge AC d'une longueur $AC' = AC$. Démontrer que $B'C' = BC$ et que les angles en B' et C' sont respectivement égaux aux angles en B et C.

3. — Si dans un triangle ABC la droite AM, qui joint le point A au milieu M du côté BC, est égale à la moitié de BC, on a :

$$A = B + C.$$

Si AM est plus grand que la moitié de BC, on a $B + C > A$.
Si AM est plus petit que la moitié de BC, on a $B + C < A$.

4. — Dans un triangle le côté AB a 5 mètres, le côté AC, 7 mètres ; quelle longueur doit avoir le côté BC pour que le triangle ait deux angles égaux ? Dans quel cas l'angle A sera-t-il compris entre les angles B et C ? Quel est le plus grand de ces deux angles ?

5. — Dans un triangle ABC on a $B = C = \dfrac{7}{12}$ de droit, $A = \dfrac{5}{6}$. Que peut-on conclure relativement aux grandeurs des côtés ?

PERPENDICULAIRES ET OBLIQUES

Théorème XIV

38. — D'un point pris hors d'une droite, on peut abaisser une perpendiculaire sur cette droite et on n'en peut abaisser qu'une.

On sait que si deux droites sont perpendiculaires, et si on replie la figure autour de l'une d'elles, l'autre droite se replie sur elle-même (**13**). Cette remarque donne la méthode de démonstration des théorèmes suivants.

Soit AA' (*fig.* 20) la droite donnée, C un point extérieur, imaginons qu'on fasse tourner la figure ACA' autour de AA' de façon à ce que la partie supérieure vienne se rabattre sur la partie inférieure ; le point C viendra alors en C'. Ramenons la figure dans son premier état et joignons CC'. Cette droite, qui coupe AA' en B, est la seule qui, dans l'opération précédente, se replie sur elle-même.

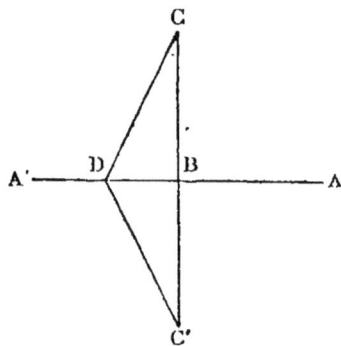

Fig. 20.

Donc, la droite CB est la perpendiculaire unique que l'on peut abaisser du point C sur AA'.

Théorème XV

39. — La perpendiculaire menée d'un point à une droite est plus courte que toute oblique.

Car soit (*fig.* 21) CD une oblique ; lorsqu'on replie la figure comme précédemment, CD vient sur C'D. Donc CD = C'D, en même temps que CB vient sur C'B, d'où CB = C'B.

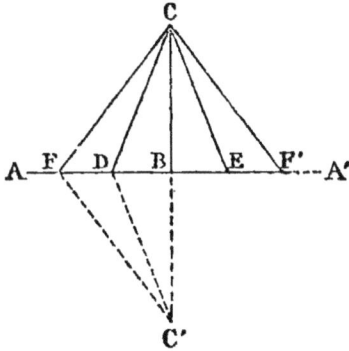

Or, dans le triangle DCC', on a (22)

$$CC' < CD + C'D,$$

le premier membre est le double de la perpendiculaire CB, le deuxième est le double de l'oblique CD ; on a donc

$$CB < CD.$$

Fig. 21.

Remarque. — La perpendiculaire menée d'un point à une droite étant la ligne la plus courte qui aille du point donné à un point de la droite, c'est la longueur de cette perpendiculaire qu'on appelle la distance du point à la droite.

On appelle *hauteur* d'un triangle la perpendiculaire abaissée d'un sommet sur le côté opposé.

Théorème XVI

40. — Deux obliques sont dans le même ordre de grandeur que les distances de leurs pieds au pied de la perpendiculaire (*fig.* 21).

1° Si deux obliques s'écartent également du pied de la perpendiculaire, elles sont égales. Car soient CD, CE deux obliques telles que BE = BD, B étant le pied de la perpendiculaire; les triangles CBD, CBE ont les angles en B égaux comme droits; le côté CB commun; les côtés CD, CE égaux par hypothèse, donc les triangles sont égaux (deuxième cas d'égalité), et $CD = CE$.

2° Supposons que deux obliques s'écartent inégalement du pied de la perpendiculaire, et d'un même côté, par exemple CD, CF. On sait que (**23**)

$$CD + C'D < CF + C'F,$$

le premier membre est double de CD, le deuxième double de CF, donc

$$CD < CF.$$

Si on avait des obliques CD et CF' de part et d'autre, d'après la première partie de la démonstration, en prenant $BE = BD$, on a

$$CE = CD,$$

la deuxième partie montre que

$$CE < CF',$$

donc

$$CD < CF'.$$

En résumé, si on connaît l'ordre de grandeur des distances des pieds de deux obliques au pied de la perpendiculaire, on connaît l'ordre de grandeur de ces obliques; c'est le même.

41. Définitions. — On dit que deux points A, A' sont *symétriques* par rapport à un point O, si le point O est au milieu de la droite AA' (*fig. 22*).

On dit que deux points A, A' sont *symétriques* par rapport à une droite XY, si la droite XY est perpendiculaire au milieu de la droite AA' (*fig. 23*).

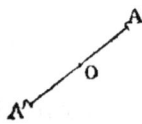

Fig. 22.

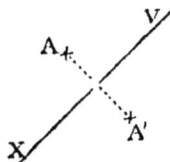

Fig. 23.

On dit qu'une figure admet un point O pour *centre de*

symétrie, si les points de cette figure sont deux à deux symétriques par rapport à O.

On dit qu'une figure admet une droite XY comme *axe de symétrie*, si les points de cette figure sont deux à deux symétriques par rapport à XY.

Lorsqu'on replie la figure autour de son axe de symétrie, les deux portions situées de part et d'autre de XY viennent coïncider.

Inversement, lorsqu'on replie une figure autour d'une droite, l'ensemble des deux positions de la figure forme une nouvelle figure qui admet la droite considérée comme *axe de symétrie*.

Ainsi, dans les démonstrations précédentes, on a eu à considérer des figures dont AA' était *axe de symétrie*.

CAS D'ÉGALITÉ DES TRIANGLES RECTANGLES

Théorème XVII

42. — Deux triangles sont égaux lorsqu'ils ont l'hypoténuse égale et un angle aigu égal.

Soient (*fig.* 24) ABC, A'B'C' deux triangles rectangles, l'un en A, l'autre en A'; supposons que l'on ait BC = B'C' et C = C'. Portons le deuxième triangle sur le premier de façon à faire coïncider les angles égaux C et C', B'C' venant sur BC; à

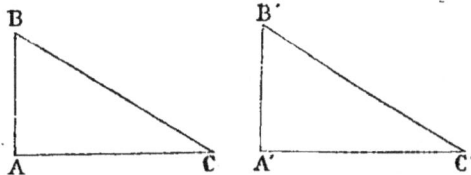
Fig. 24.

cause de l'égalité des hypoténuses B' viendra en B. Le côté A'B' prendra la direction de la perpendiculaire abaissée de B sur AC, puisque A'C' prend la direction AC. Or, on sait que AB est la seule perpendiculaire menée de B sur AC (**38**), donc A'B' prend la direction de AB et les deux triangles coïncident.

Remarque. — Cette démonstration revient à établir

que l'égalité des angles C et C' entraîne celle des autres angles aigus, et, par conséquent, elle rapproche le théorème précédent du premier cas d'égalité.

Théorème XVIII

43. — Deux triangles rectangles sont égaux lorsqu'ils ont l'hypoténuse égale et un côté de l'angle droit égal.

Soient ABC, A'B'C' deux triangles rectangles, l'un en A, l'autre en A'; supposons que l'on ait BC = B'C', AC = A'C', portons le deuxième triangle sur le premier de façon que les angles droits coïncident, A'C' étant sur AC; A'B' prendra la direction AB. Alors C'B' et CB seront deux obliques égales menées du même point C à la droite AB. Donc elles s'écartent également du pied de la perpendiculaire AC. Par suite, leurs pieds sont également distants du pied A de cette perpendiculaire (40), et A'B' = AB; donc les triangles coïncident.

Remarque. — Cette démonstration revient à établir que l'hypothèse entraîne l'égalité des troisièmes côtés, et, par conséquent, elle rapproche le théorème précédent du troisième cas d'égalité.

LIEUX GÉOMÉTRIQUES

44. Définition. — On appelle *lieu géométrique*, correspondant à une propriété donnée, une figure dont tous les points possèdent une propriété n'appartenant pas à d'autres points que ceux qui font partie de cette figure.

Donc, pour montrer qu'une ligne est le lieu des points possédant une certaine propriété, il faudra montrer :

1° Que tout point possédant la propriété énoncée appartient à une certaine ligne ;

2° Que tout point de cette ligne possède la propriété énoncée.

Théorème XIX

45. — **Le lieu des points également distants de deux points A et B est la perpendiculaire élevée au milieu de la droite AB.**

1° Soit M un point du lieu (*fig.* 25), c'est-à-dire un point tel que

$$MA = MB,$$

les droites MA et MB étant des obliques égales, elles s'écartent également du pied de la perpendiculaire MC abaissée de M sur AB (40). Donc M est sur la perpendiculaire CD élevée au milieu de AB.

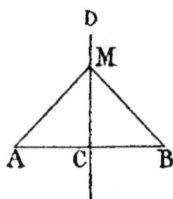

2° Si on prend un point M sur la perpendiculaire CD élevée au milieu de AB, les droites MA et MB s'écartant également du pied de la perpendiculaire sont des obliques égales (40). Donc, tout point de la perpendiculaire appartient au lieu considéré.

Fig. 25.

Remarque. — La première partie de la démonstration montre que la médiane d'un triangle isocèle est hauteur de ce triangle. La deuxième, que si une droite est médiane et hauteur d'un triangle, celui-ci est isocèle.

Théorème XX

46. — **Le lieu des points également distants de deux droites qui se coupent se compose des bissectrices des angles formés par ces droites.**

1° Soient deux droites BB', CC' se coupant en un point A (*fig.* 26); soit M un point du lieu. Si on abaisse MH et MK perpendiculaires sur BB' et CC', on forme deux triangles MAH, MAK ; ces triangles sont rectangles, ils ont l'hypoténuse MA commune, et les côtés MH, MK égaux par hypothèse. Donc, ils sont égaux (deuxième cas d'égalité des triangles rectangles). Donc

$$\text{M}\hat{\text{A}}\text{H} = \text{M}\hat{\text{A}}\text{K},$$

autrement dit, AM est bissectrice de l'angle BAC.

2° Si on prend un point M sur la bissectrice d'un des angles formés par les droites, en abaissant sur les côtés de l'angle des perpendiculaires MH, MK, on forme des triangles rectangles. Ces triangles ont l'hypoténuse commune, et les angles en A égaux par hypothèse, donc ils sont égaux (premier cas d'égalité des triangles rectangles); par suite,

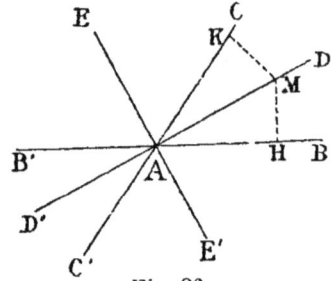

Fig. 26.

$$\text{MH} = \text{MK},$$

autrement dit, tout point d'une bissectrice appartient au lieu.

Exercices

1. — Si dans un triangle deux hauteurs sont égales, le triangle est isocèle.

2. — Les perpendiculaires élevées aux milieux des trois côtés d'un triangle se coupent en un même point.

3. — Les bissectrices des angles d'un triangle se coupent en un même point.

4. — On appelle bissectrice extérieure d'un angle la bissectrice de l'angle formé par un côté et le prolongement de l'autre. Démontrer que les bissectrices extérieures de deux angles d'un triangle se coupent sur la bissectrice intérieure du troisième angle.

PARALLÈLES

47. Remarque. — Si deux droites BB', CC' sont perpendiculaires à une troisième AA' en deux points différents (*fig.* 27), elles ne se rencontrent pas: car, si elles se rencontraient, on pourrait d'un point abaisser deux per-

pendiculaires sur une droite ; or, on a vu qu'on ne pouvait en abaisser qu'une (**38**). Il peut donc arriver que deux droites situées dans un même plan ne se rencontrent pas.

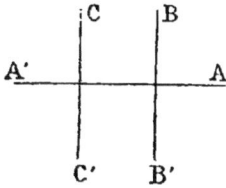
Fig. 27.

Définition. — On appelle *parallèles* des droites situées dans un même plan et qui ne se rencontrent pas.

THÉORÈME XXI

48. — **D'un point pris hors d'une droite, on peut toujours mener une parallèle à cette droite** (*fig.* 28).

Soit AA' la droite, soit B le point, si je mène BC perpendiculaire sur AA' et BD perpendiculaire sur BC, les deux droites BD et AA' perpendiculaires à une même droite BC sont parallèles (**47**).

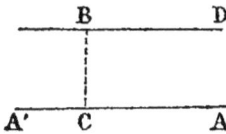
Fig. 28.

49. Remarque. — Nous admettrons qu'on ne peut mener par un point qu'une parallèle à une droite. On appelle *postulatum* toute proposition qu'on demande ainsi d'admettre sans démonstration, et qui n'est pas absolument évidente.

Le *postulatum* que nous venons d'énoncer est connu sous le nom de *postulatum d'Euclide*.

50. Corollaires. — 1° Deux droites parallèles à une troisième sont parallèles. Car, si les deux premières droites se rencontraient, par leur point d'intersection on pourrait mener deux parallèles à la troisième, ce qui serait contraire au postulatum d'Euclide.

2° Si une droite AA' rencontre une droite BB', elle rencontre les parallèles à BB'.

Car soit CC' une parallèle à BB', si AA' ne la rencontrait pas, CC' et AA' seraient parallèles. Donc du point de rencontre de AA' et BB', on pourrait mener deux parallèles à CC', ce qui serait contraire au postulatum.

Théorème XXII

51. — Si deux droites sont parallèles, toute perpendiculaire à l'une est aussi perpendiculaire à l'autre (*fig.* 29).

Soient AA′, BB′ deux parallèles, soit CC′ une droite perpendiculaire à AA′ qu'elle coupe en D. CC′ coupera BB′ en un certain point E. On sait que la perpendiculaire élevée en E sur CC′ est parallèle à AA′ (**47**). D'autre part, BB′ est par hypothèse parallèle à AA′, et par le point D on ne peut mener qu'une parallèle à AA′ (**49**). Donc BB′ coïncide avec la perpendiculaire élevée en E sur CC′.

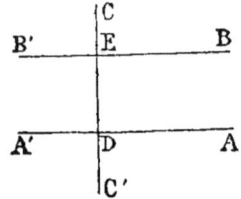

Fig. 29.

52. Définitions. — Soient deux droites AA′, BB′ coupées par une troisième CC′ en des points D et E (*fig.* 30).

Deux angles de sommets différents, situés de part et d'autre de CC′ et entre AA′ et BB′, sont appelés *alternes-internes*, par exemple 1 et 6 ou 2 et 5.

Deux angles de sommets différents, situés de part et d'autre de CC′ et en dehors de AA′ et BB′, sont appelés *alternes-externes*, par exemple 3 et 8 ou 4 et 7.

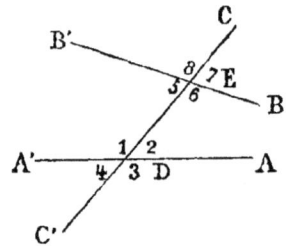

Fig. 30.

Deux angles situés du même côté de CC′, et tous deux au-dessus, ou tous deux au-dessous des droites AA′ et BB′, sont appelés correspondants ; par exemple 1 et 8, 2 et 7, 3 et 6, 4 et 5.

Deux angles de sommets différents situés du même côté de la sécante, tous deux entre AA′ et BB′, sont dits *intérieurs du même côté*, par exemple 1 et 5, 2 et 6. De même, on dit que 3 et 7 ou 4 et 8 sont *extérieurs du même côté*.

Théorème XXIII

53. — **Si deux parallèles sont coupées par une sécante :**

    1° Les angles alternes-internes sont égaux ;

    2° Les angles correspondants sont égaux ;

    3° Les angles intérieurs situés d'un même côté de la sécante sont supplémentaires.

Soient (*fig.* 31) AA′, BB′ deux parallèles, CC′ une sécante, qui les coupe en D et E, je mène par le point F, milieu de DE, une perpendiculaire GH aux deux parallèles. Les triangles DGF, EHF sont égaux comme triangles rectangles ayant leurs hypoténuses DF, EF égales par construction, et les angles en F égaux comme opposés par le sommet (**42**). Donc, les angles aigus alternes-internes, marqués 2 et 5, sont égaux. Il en est de même des angles obtus alternes-internes 1 et 6, qui sont supplémentaires des précédents.

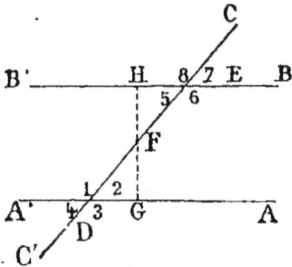

Fig. 31.

Les angles correspondants sont égaux ; par exemple les angles 2 et 7 sont tous deux égaux à l'angle 5, qui est alterne-interne avec 2, et opposé par le sommet avec 7.

Les angles intérieurs d'un même côté sont supplémentaires ; par exemple 1 et 5 ; l'angle 1 étant supplémentaire de l'angle 2, qui est égal à l'angle 5.

54. Remarques. — 1° On pourrait voir de même que deux angles alternes-externes sont égaux, et que deux angles extérieurs situés d'un même côté de la sécante sont supplémentaires. D'ailleurs, dans la pratique, on n'a à considérer que les angles dont il est question dans l'énoncé.

2° Si CC′ était perpendiculaire à AA′, elle le serait aussi à BB′ et la démonstration précédente ne s'appliquerait plus, puisqu'on n'aurait plus les triangles rectangles DGF, EHF. Mais, dans ce cas, tous les angles de la figure seraient droits, de sorte que le théorème est encore vrai.

THÉORÈME XXIV

55. — **Réciproquement, si deux droites coupées par une troisième forment avec elle :**
1° Soit deux angles alternes-internes égaux ;
2° Soit deux angles correspondants égaux ;
3° Soit deux angles intérieurs situés d'un même côté de la sécante égaux ;
Les deux premières droites sont parallèles.

Soient AA′, BB′, CC′, les trois droites (*fig.* 32), la troisième coupant les premières en des points D, E. Si je mène par E la parallèle à AA′, je forme des angles alternes-internes égaux (**53**). Donc, cette parallèle forme avec CC′ les mêmes angles que BB′ forme avec CC′, ces angles étant placés de la même façon. Donc BB′ coïncide avec la parallèle.

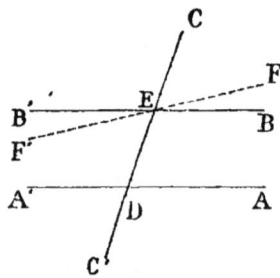

Fig. 32.

56. Remarque. — Il résulte des théorèmes précédents, que le parallélisme de deux droites est caractérisé par l'égalité d'angles placés de certaine façon. De sorte que, pour démontrer le parallélisme de deux droites, il suffira de démontrer l'égalité de deux angles, et on a une méthode générale pour cela (**31**). Inversement, on conclura d'une hypothèse supposant le parallélisme de deux droites des égalités d'angles, conformément à ce qui précède.

THÉORÈME XXV

57. — **Si deux angles ont leurs côtés parallèles deux à deux, ces angles sont égaux ou supplémentaires** (*fig.* 33).

Soient deux angles tels que BAC, B′A′C′, dont les côtés

sont parallèles et deux à deux de même sens. A'B' coupe AC en D.

$$B'A'C' = CDA',$$

comme correspondants formés par les parallèles A'C', AC, et la sécante A'D (**53**). De même :

$$CDA' = BAC,$$

comme correspondants formés par les parallèles AB, A'B' et la sécante AD.

Donc, $$B'A'C' = BAC.$$

Il résulte de là (**19**) que B"A'C", opposé à B'A'C' par le sommet, est égal à BAC ; et que les angles B'A'C", B"A'C', adjacents à B'A'C', sont supplémentaires de BAC.

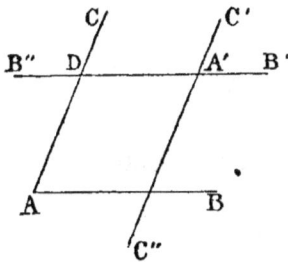
Fig. 33.

Il suffit de se reporter à la figure pour constater qu'il y a égalité lorsque les angles ont leurs côtés deux à deux de même sens, ou deux à deux de sens contraire ; et que les angles sont supplémentaires lorsqu'ils ont deux côtés de même sens et deux côtés de sens contraires.

THÉORÈME XXVI

58. — **Si deux angles ont leurs côtés perpendiculaires deux à deux, ils sont égaux ou supplémentaires** (*fig.* 34).

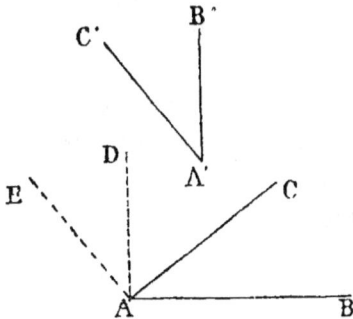
Fig. 34.

Soient BAC, B'A'C' deux angles tels que A'B' soit perpendiculaire à AB et A'C' à AC. Si on fait pivoter l'angle ABC autour de son sommet, de façon à amener AB dans la position AD telle que l'angle DAB soit droit, le côté AC prendra la position AE telle que EAC sera droit. On aura ainsi amené l'angle ABC à avoir ses côtés parallèles à ceux de A'B'C' (57).

Théorème XXVII

59. — La somme des angles d'un triangle est égale à deux angles droits.

Soit ABC un triangle ; prolongeons BC et menons CE parallèle à BA du même côté de BC (*fig.* 35).

$$\widehat{BAC} = \widehat{ACE}$$

comme alternes-internes (**53**),

$$\widehat{ABC} = \widehat{ECD}$$

comme correspondants (**53**), par rapport aux deux parallèles AB, CE, et aux sécantes AC ou BC. Donc, les angles A et B ont pour somme l'angle ACD, supplémentaire du troisième angle C. Ce qui démontre le théorème.

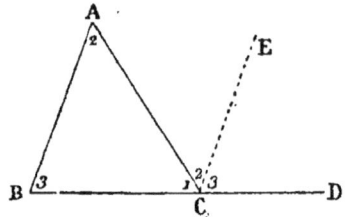

Fig. 35.

Remarque. — La démonstration revient à établir qu'un angle *extérieur*, c'est-à-dire formé par un côté et le prolongement d'un autre, est égal à la somme des angles intérieurs non adjacents à cet angle.

60. Corollaires. — 1° Si un triangle a un angle droit ou obtus, les autres sont aigus ; puisque leur somme doit être égale ou inférieure à un droit.

2° Dans un triangle rectangle, les angles aigus sont complémentaires.

3° Si deux triangles ont deux angles égaux chacun à chacun, les troisièmes angles sont égaux ; leur valeur commune est le supplément de la somme des deux premiers angles.

4° Dans un triangle équilatéral, les angles ont pour valeur commune $\frac{2}{3}$ d'angle droit.

THÉORÈME XXVIII

61. — La somme des angles d'un polygone convexe, évaluée en angles droits, s'obtient en retranchant 4 du double du nombre des côtés.

Un polygone est dit convexe, s'il n'est traversé par aucun de ses côtés indéfiniment prolongés (**21**).

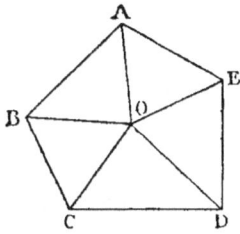

Si on prend un point O à l'intérieur d'un polygone convexe (*fig.* 36), et si on le joint aux différents sommets, on décompose le polygone en autant de triangles qu'il y a de côtés. Si *n* est le nombre des côtés, la somme des angles des triangles, exprimée en angles droits, est (**59**) *n* fois 2 droits ou

$$2\,n \text{ droits.}$$

Fig. 36.

Cette somme est évidemment égale à la somme des angles du polygone augmentée de la somme des angles faits autour du point O. Or, on sait que cette dernière est de 4 droits (**17**).

Donc, la somme des angles du polygone est :

$$2\,n - 4 \text{ droits.}$$

En particulier, la somme des angles d'un quadrilatère est 4 droits ;

En particulier, la somme des angles d'un hexagone est 8 droits ; etc.

EXERCICES

1. — Trouver la valeur de l'angle d'un polygone convexe de 5 côtés, dont tous les angles sont égaux.

Même question en supposant que le nombre des côtés soit 8, 10 ou 12.

2. — Dans un triangle ABC on donne les angles B et C,

$$B = 72° \quad C = 48°.$$

On mène les bissectrices BD, CE, les hauteurs BH, CK.

Calculer les valeurs de tous les angles formés sur la figure.

3. — Démontrer que si dans un triangle ABC la médiane qui part du point A est égale à la moitié du côté BC, le triangle est rectangle en A.

4. — Dans un triangle rectangle, un des angles aigus est de 54°; on mène la hauteur, la bissectrice, la médiane qui partent du sommet de l'angle droit ; calculer tous les angles de la figure.

5. — Dans un triangle isocèle l'angle formé par les deux côtés égaux est de 36°. On mène la bissectrice d'un des autres angles. Ranger par ordre de grandeur les longueurs de la figure.

6. — Les bissectrices des angles B et C d'un triangle ABC se coupant en un point I, on mène par I une parallèle à BC qui coupe AB en D, AC en E. Démontrer que

$$DI = DB \quad EI = EC.$$

(Les deux bissectrices sont toutes deux des bissectrices intérieures, ou toutes deux des bissectrices extérieures.)

7. — Dans quels cas la bissectrice d'un angle d'un triangle divise-t-elle le triangle en deux triangles isocèles ?

8. — Dans un triangle ABC l'angle A = 49°25′30″, la différence des angles B et C est B — C = 31°19′20″. Calculer les angles B et C. Quel est le plus grand côté du trangle? Quel est le plus petit ?

PARALLÉLOGRAMMES

62. Définition. — On appelle *parallélogramme* tout quadrilatère dont les côtés opposés sont parallèles deux à deux.

En particulier, les côtés adjacents peuvent être perpendiculaires, alors on dit que le quadrilatère est un *rectangle*.

Remarque. — La somme des angles d'un quadrilatère étant égale à quatre droits, si les angles sont tous égaux, ils sont tous droits, et le quadrilatère est un rectangle.

Théorème XXIX

63. — Dans tout parallélogramme :
1° Les angles opposés sont égaux ;
2° Les côtés opposés sont égaux.

En effet (*fig.* 37), 1° les angles opposés ont leurs côtés parallèles et dirigés en sens contraires (**57**).

2° Si on mène la diagonale BD, elle divise le parallélogramme en deux triangles qui ont BD commun, et en outre, on a (**53**) :

$$ABD = BDC$$
$$ADB = DBC,$$

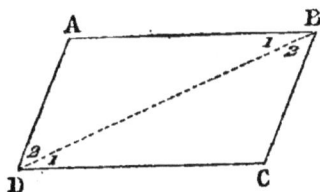

Fig. 37.

comme angles alternes-internes formés par BD avec les côtés du parallélogramme. Donc les triangles sont égaux (**26**), et par suite,

$$AD = BC$$
$$AB = CD.$$

Cette égalité des triangles met encore en évidence l'égalité des angles opposés Â et C.

64. Corollaire. — Deux parallèles déterminent sur deux sécantes parallèles entre elles des segments égaux. Car ces quatre droites forment un parallélogramme.

En particulier, les sécantes peuvent être perpendiculaires aux droites données ; on voit alors que tous les points d'une droite sont à la même distance d'une parallèle à cette droite. Ce qu'on exprime quelquefois en disant que deux parallèles sont partout à égale distance.

Théorème XXX

65. — Si dans un quadrilatère les côtés opposés sont deux à deux égaux, le quadrilatère est un parallélogramme.

En effet, la diagonale BD décompose le quadrilatère en deux triangles qui ont leurs trois côtés égaux; donc on a (**29**) :

$$\hat{ABD} = BDC$$
$$ADB = DBC;$$

or, ces angles sont alternes-internes par rapport à BD et aux côtés opposés du quadrilatère; par suite, ces côtés opposés sont deux à deux parallèles (**55**).

Théorème XXXI

66. — Si dans un quadrilatère, deux côtés opposés sont égaux et parallèles, le quadrilatère est un parallélogramme.

Supposons que AD et BC soient égaux et parallèles, les angles ABD et BDC sont égaux comme alternes-internes par rapport à ces parallèles et à la sécante BD (**53**). Les deux triangles ABD, ADC, sont donc égaux (**27**) comme ayant un angle égal ABD = BDC compris entre côtés égaux (AB = CD par hypothèse, BD commun). Donc les angles ADB et DBC sont égaux, et par suite les droites AD et BC sont parallèles (**55**).

67. Remarque. — Pour les trois démonstrations précédentes, on mène une diagonale et on démontre l'égalité des deux triangles ainsi formés, en s'appuyant sur l'un des trois cas d'égalité.

Cette propriété qu'a le parallélogramme d'être décomposé par une diagonale en deux triangles égaux, est fréquemment utile.

68. Définition. — On appelle *losange* tout quadrilatère qui a ses quatre côtés égaux; d'après ce qui précède,

un losange est un parallélogramme. Si un losange a un
angle droit, les quatre angles sont droits (57) et la figure
s'appelle un *carré*.

THÉORÈME XXXII

**69. — Dans un parallélogramme, les diagonales
se coupent en parties égales.**

Soit O le point d'intersection des diagonales (*fig.* 38),
les triangles AOB, DOC sont
égaux (26) comme ayant (63)

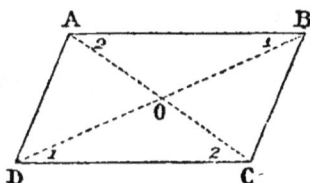

$$AB = CD$$

par hypothèse, et les angles adjacents égaux deux à deux (53)
comme alternes-internes par
rapport aux parallèles AB, CD
et à l'une des diagonales AC, BD. Donc,

$$AO = OC$$
$$BO = OD.$$

Fig. 38.

THÉORÈME XXXIII

**70. — Si dans un quadrilatère les diagonales se
coupent en parties égales, ce quadrilatère est un
parallélogramme** (*fig.* 38).

Car les triangles AOB, DOC sont égaux comme ayant
les angles en O égaux (opposés par le sommet), compris
entre côtés égaux par hypothèse. On en conclut : 1° que
les angles ABD et BDC par exemple sont égaux, et par
suite que les droites AB et DC sont parallèles ; 2° que
ces droites sont égales ; donc (66) la figure ABCD est un
parallélogramme.

THÉORÈME XXXIV

**71. — Les diagonales d'un rectangle sont égales,
et réciproquement, si un parallélogramme a ses**

diagonales égales, ce parallélogramme est un rectangle.

1° Les triangles ABC, ABD (*fig.* 39) sont égaux comme triangles rectangles dont les angles droits sont compris entre côtés égaux. Donc les hypoténuses sont égales.

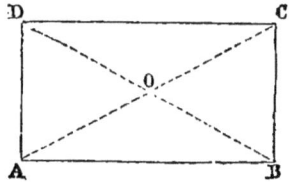

$$AC = BD.$$

2° Réciproquement, si AC = BD, dans un parallélogramme, les deux triangles ABC, ABD sont égaux

Fig. 39.

comme ayant leurs trois côtés égaux. Donc, AB̂C = DÂB. Mais ces angles sont supplémentaires à cause du parallélisme de AD et BC, donc ils sont droits.

Théorème XXXV

72. — Les diagonales d'un losange sont perpendiculaires, et réciproquement, si un parallélogramme a ses diagonales perpendiculaires, ce parallélogramme est un losange.

1° Soit ABCD un losange (*fig.* 40), les triangles AOB, BOC sont égaux comme ayant les trois côtés égaux (BO commun, AO = OC d'après le théorème XXX, AB = BC par hypothèse); donc,

$$AÔB = BÔC.$$

Ces angles étant adjacents et égaux sont droits (**11**).

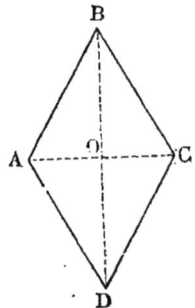

2° Soit ABCD un parallélogramme à diagonales perpendiculaires, les triangles AOB, BOC sont égaux, comme ayant les angles en O égaux et compris entre côtés égaux. Donc AB = BC ; deux côtés consé-

Fig. 40.

cutifs étant égaux, tous les côtés sont égaux, puisque les côtés opposés le sont d'après un théorème précédent.

EXERCICES

1. Par chacun des sommets d'un triangle ABC, on mène une parallèle au côté opposé. Ces parallèles forment un triangle A'B'C'.

Si A' est le sommet opposé au côté qui passe par A,
   B'   —   —   —   B,
   C'   —   —   —   C,

Les triangles A'BC, B'AC, C'AB sont égaux à ABC.

Les perpendiculaires élevées en ABC sur les côtés de A'B'C' sont les hauteurs de ABC. En déduire que les trois hauteurs d'un triangle sont concourantes.

2. Démontrer que la médiane d'un triangle est comprise entre la demi-somme et la demi-différence des côtés qui la comprennent.

3. Démontrer que deux triangles sont égaux lorsqu'ils ont deux côtés égaux et la médiane comprise égale.

Remarque. — En général, lorsqu'on a un problème relatif à une médiane d'un triangle, il est utile de considérer le parallélogramme qui aurait pour côtés les deux côtés du triangle comprenant la médiane. Ce parallélogramme se divise de deux façons différentes en deux triangles égaux, chaque diagonale étant un côté de deux de ces triangles et le double de la médiane de deux autres.

4. Trouver le lieu des points qui sont à une distance donnée d'une droite donnée.

LIVRE II

LA CIRCONFÉRENCE

73. Définition. — On appelle *circonférence* de cercle, une ligne plane telle que tous ses points sont également distants d'un point appelé *centre* (*fig.* 41).

On appelle *rayon* toute droite joignant le centre à un point de la circonférence; il résulte de la définition précédente, que tous les rayons sont égaux; par exemple OA, OB, OC.

Deux circonférences de même rayon sont superposables; il suffit de faire coïncider leurs centres.

On appelle *corde* toute droite qui joint deux points de la circonférence; par exemple EF.

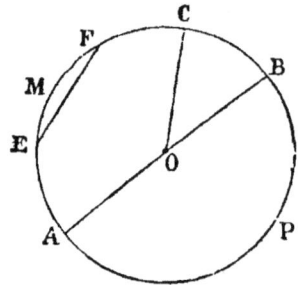

Fig. 41.

On appelle *arc* une portion de circonférence, par exemple EMF; on dit que la corde qui joint les extrémités d'un arc *sous-tend* cet arc, ou que l'arc est *sous-tendu* par la corde.

Les cordes qui passent par le centre s'appellent *diamètres;* la longueur d'un diamètre est évidemment double de celle d'un rayon.

Théorème I

74. — **Une circonférence de cercle est une courbe fermée, qui ne peut être rencontrée en plus de deux points par une droite** (*fig.* 42).

Sur toute droite passant par le centre, il y a évidemment deux points de la circonférence ; ce sont les points situés de part et d'autre du centre, à une distance égale au rayon. Il résulte de là que la circonférence de cercle est une courbe fermée.

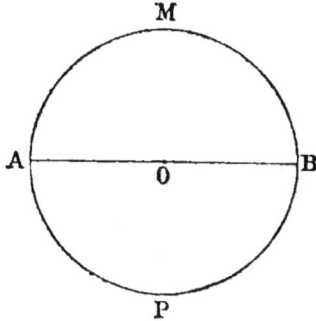

Une corde ne peut rencontrer une circonférence en plus de deux points, car, si une corde coupait la courbe en trois points, on aurait trois points d'une droite également distants d'un point O ; or il peut y avoir deux obliques égales partant d'un point, mais il n'y en a pas plus de deux (**40**).

Fig. 42.

75. Remarque. — La circonférence de cercle étant une courbe fermée, elle limite une portion du plan. Les points intérieurs sont à une distance du centre inférieure au rayon, les points extérieurs à une distance supérieure au rayon. Généralement on appelle *circonférence* la courbe, et *cercle* la portion de plan limitée par cette courbe Souvent on emploie indifféremment les mots *circonférence* et *cercle.*

Théorème II

76. — **Un diamètre est la plus grande corde d'un cercle** (*fig.* 43).

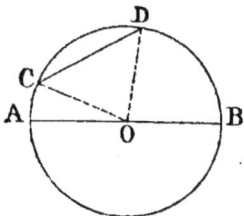

Soit CD une corde, qui ne passe pas par le centre ; dans le triangle OCD on a (**22**) :

$$CD < OC + OD.$$

OC et OD sont deux rayons. Donc leur somme est égale à un diamètre, AB par exemple.

Fig. 43.

THÉORÈME III

77. — Tout diamètre divise le cercle en deux parties égales (*fig.* 44).

En effet, soit AB un diamètre, il divise le cercle en deux parties, AMB et ANB. Replions AMB autour de AB, soit C un point de l'arc AMB, le rayon OC se repliera sur OD, et le point C viendra à une distance du centre égale au rayon. Il viendra donc au point D situé sur l'arc ANB, puisque l'arc ANB est le lieu des points situés au-dessous de AB à une distance du centre égale au rayon.

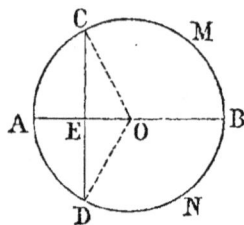

Fig. 44.

Donc la figure AMB coïncidera avec ANB.

Remarque. — Il résulte de la démonstration précédente que tout diamètre d'un cercle est un axe de symétrie de la figure. C'est une propriété très importante du cercle.

78. Définition. — Il peut arriver qu'une droite coupe une circonférence en deux points, ou qu'elle n'ait aucun point de commun avec la circonférence, ou enfin, comme on va le démontrer, qu'elle n'ait qu'un point de commun avec la circonférence.

On appelle *tangente* à un cercle, toute droite qui n'a qu'un point de commun avec la circonférence. Ce point commun est ce qu'on appelle le *point de contact*.

THÉORÈME IV

79. — La perpendiculaire élevée à l'extrémité d'un rayon est tangente à la circonférence (*fig.* 45).

Soit AB une droite perpendiculaire à l'extrémité d'un rayon OC; soit M un point de AB. OM, étant une oblique, est plus grande que OC, qui est un rayon. Donc le point M est extérieur à la circonférence (**75**). La droite AB n'a donc que le point C situé sur la circonférence.

Théorème V

80. — Réciproquement, toute tangente au cercle est perpendiculaire à l'extrémité du rayon qui aboutit au point de contact (*fig.* 45).

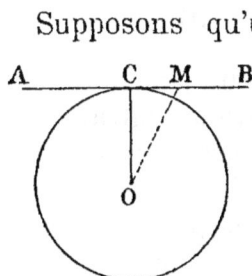

Supposons qu'une droite AB n'ait qu'un point C commun avec une circonférence, tous les autres points de cette droite, tels que M, sont extérieurs à la circonférence ; donc OM > OC. OC étant la ligne la plus courte menée du point O à la droite AB est la perpendiculaire abaissée de O sur AB (39).

Fig. 45.

Corollaire. — En chaque point d'une circonférence il y a une tangente et une seule ; c'est la perpendiculaire à l'extrémité du rayon.

Théorème VI

81. — Le diamètre perpendiculaire à une corde passe par le milieu de la corde et par le milieu des arcs sous-tendus par cette corde.

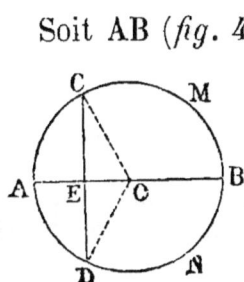

Soit AB (*fig.* 46) le diamètre perpendiculaire sur une corde CD, replions la figure autour de AB. On sait que :

1° l'arc AMB viendra coïncider avec ANB ;

2° la perpendiculaire CE viendra coïncider avec un prolongement. Donc le point C, qui devra tomber à la fois sur ANB et sur le prolongement DE de la perpendiculaire, tombera au point D.

Fig. 46.

Il en résulte que : CE = DE.

$$\text{arc AC} = \text{arc AD} ;$$
$$\text{arc BC} = \text{arc BD}.$$

82. Remarque. — La droite AB réalise à la fois cinq conditions :

1° Elle passe par le centre ;
2° Elle est perpendiculaire à la corde CD ;
3° Elle passe par le milieu de la corde CD ;
4° Elle passe par le milieu de l'arc CAD ;
5° Elle passe par le milieu de l'arc CBD.

Or, deux de ces conditions suffisent pour déterminer une droite. Donc, deux de ces conditions entraînent les trois autres. Par exemple si une droite passe par le milieu d'un arc et par le milieu de la corde correspondante, elle passe par le centre, est perpendiculaire à la corde, et passe par le milieu du second arc sous-tendu par cette corde.

83. Corollaires. — 1° Les milieux des cordes parallèles à une même direction sont sur le diamètre perpendiculaire à cette direction.

Car le milieu d'une corde s'obtiendrait en menant le diamètre perpendiculaire, or ce diamètre est le même pour toutes les cordes considérées.

2° Deux droites parallèles interceptent sur la circonférence des arcs égaux.

En effet, si on replie la figure autour du diamètre perpendiculaire aux droites données, on fait coïncider les arcs.

THÉORÈME VII

84. — **Par trois points, non en ligne droite, on peut faire passer une circonférence et on n'en peut faire passer qu'une** (*fig.* 47).

Il est essentiel que les trois points ne soient pas en ligne droite puisqu'une droite ne peut couper une circonférence en trois points.

Une circonférence est déterminée lorsqu'on connaît un centre et un de ses points, puisque alors on a le rayon. Le théorème à démontrer équivaut donc à celui-ci : Il y a un point et un seul également distant de trois points non en ligne droite.

Le point en question devant être également distant de A et de B est sur la perpendiculaire DD′ élevée au milieu de AB (45).

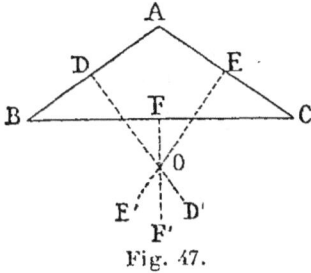

Fig. 47.

Le point devant être équidistant de A et de C est sur la perpendiculaire EE′ élevée au milieu de AC.

Les droites DD′, EE′ se coupent en un point O, car, si elles étaient parallèles, AB et AC seraient en prolongement (47).

Le point O est donc tel que

$$OA = OB$$
$$OA = OC,$$

c'est-à-dire tel que

$$OA = OB = OC.$$

On a donc bien un point. On n'en n'a qu'un seul, puisque ce point doit être à la fois sur DD′ et EE′ qui n'ont qu'un point commun. Ce point est sur la perpendiculaire élevée au milieu de BC, puisque OB = OC.

85. Remarque. — Ce qui précède montre que les perpendiculaires élevées aux milieux des trois côtés d'un triangle sont concourantes. Le point de concours est le centre du cercle circonscrit.

Corollaire. — Deux circonférences distinctes ne peuvent avoir plus de deux points communs.

Théorème VIII

86. — **Si deux circonférences ont un point commun hors de la ligne des centres, elles en ont un second. La ligne des centres est perpendiculaire sur la corde commune en son milieu** (*fig.* 48).

En effet, un diamètre étant axe de symétrie d'un cercle, la ligne des centres est un axe de symétrie commun aux deux cercles. Si les cercles ont un point A commun, ils ont aussi le point B symétrique de A par rapport à OO'.

87. Remarque. — Si le point A était sur la ligne des centres (*fig.* 49), les circonférences ne peuvent avoir d'autre point commun. Car, si elles avaient un point commun en dehors de cette ligne, elles auraient aussi le symétrique, ce qui, avec le point A, ferait trois points ; si elles avaient un second point commun sur la ligne des centres, elles auraient un diamètre commun ; dans ces deux cas elles coïncideraient.

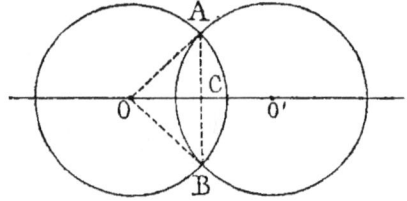

Fig. 48.

Deux circonférences distinctes qui ont un point commun sur la ligne des centres n'ont donc que ce point commun. On dit alors qu'elles sont tangentes. Elles ont même tangente au point A ; c'est la perpendiculaire élevée en A à la ligne des centres. Cette tangente peut être considérée comme limite de la corde commune AB, lorsque les deux points A et B sont venus se confondre.

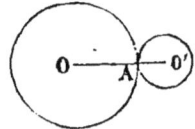

Fig. 49.

THÉORÈME IX

88. — **Deux** circonférences peuvent présenter cinq positions relatives :

1° Si elles sont extérieures, la distance des centres est supérieure à la somme des rayons ;

2° Si elles sont tangentes et extérieures, la distance des centres est égale à la somme des rayons ;

3° Si elles sont sécantes, la distance des centres est comprise entre la somme et la différence des rayons ;

4° Si elles sont tangentes, l'une étant intérieure à l'autre, la distance des centres est égale à la différence des rayons ;

5° Si l'une est intérieure à l'autre, la distance des centres est inférieure à la différence des rayons.

1° Dans le 1er cas, on a (*fig.* 50) :

$$OO' = OA + AA' + A'O' > OA + O'A'.$$

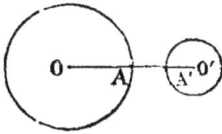 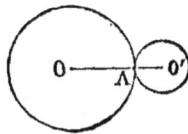 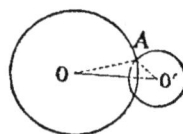

Fig. 50.   Fig. 51.   Fig. 52.

2° Dans le 2° cas (*fig.* 51) :

$$OO' = OA + O'A.$$

3° Dans le 3° cas (*fig* 52), OAO' étant un triangle on a à la fois :

$$OO' < OA + O'A$$
$$OO' > OA - O'A.$$

4° Dans le 4° cas, on a (*fig.* 53) :

$$OO' = OA - O'A.$$

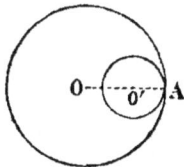 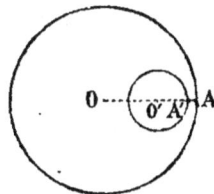

Fig. 53.   Fig. 54.

Dans le 5° cas (*fig.* 54) :

$$OO' = OA - O'A' - A'A < OA - O'A'.$$

89. Remarque. — Il résulte de là que, si on donne les grandeurs des rayons et de la distance des centres de deux circonférences, on peut reconnaître le cas qui est réalisé puisque à chaque cas de figure correspond une condition qui n'est pas réalisée dans les autres.

EXERCICES

1. — Démontrer que, si les extrémités d'une droite de longueur donnée décrivent deux droites rectangulaires, le milieu de la droite mobile décrit un cercle.

2. — En deux points A et B d'un cercle de centre O on mène les tangentes; soit C le point d'intersection de ces droites. Démontrer que

$$CA = CB$$
$$OCA = OCB.$$

Démontrer que AB est perpendiculaire sur OC.

3. — AC et BC étant deux tangentes à un cercle, si on mène une tangente en un point P de l'arc AB, inférieur à une demi-circonférence, cette tangente coupe AC et BC en des points M et N tels que le périmètre du triangle CMN est indépendant de la position du point P sur l'arc AB.

4. — Démontrer que le point de rencontre des bissectrices intérieures des angles d'un triangle est le centre d'un cercle tangent aux trois côtés de ce triangle (cercle inscrit).

Si A′ est le point de contact du côté BC avec le cercle inscrit, B′ le point de contact de AC, C′ le point de contact de AB; si on désigne BC par a, AC par b, et AB par c (chaque côté est désigné par la lettre correspondant au sommet opposé), et si on appelle $2p$ le périmètre $a + b + c$, on a :

$$AB′ = AC′ = p - a$$
$$BA′ = BC′ = p - b$$
$$CA′ = CB′ = p - c.$$

5. — Avec les notations précédentes, si le rayon du cercle inscrit est égal à $p - a$, l'angle A est droit.

Si le rayon est inférieur à $p - a$, A est aigu.

Si le rayon est supérieur à $p - a$, A est obtus.

6. — Deux circonférences ont pour rayons l'une 5^m, l'autre 9^m; la distance de leurs centres est 6^m. Quelle est leur position relative? Quelle devrait être la distance des centres pour que les circonférences soient tangentes? Préciser la nature du contact, c'est-à-dire distinguer le cas où elles sont extérieures, et le cas où l'une est extérieure à l'autre.

7. — La distance des centres de deux circonférences est de 0^m,04, l'une d'elles a 0^m,07 de rayon. Quel doit être le rayon de l'autre circonférence, pour que les deux circonférences soient tangentes?

8. — Les circonférences décrites des trois sommets d'un triangle comme centres, et passant par les points de contact du cercle inscrit avec les côtés, sont tangentes deux à deux.

9. — Si deux circonférences tangentes à une même droite, l'une en A, l'autre en B, sont tangentes entre elles en un point C :
1° La tangente commune en C passe par le milieu de AB.
2° L'angle ACB est droit.

MESURE DES ANGLES

90. — Jusqu'à présent, nous avons eu à considérer des égalités ou des inégalités, soit entre des longueurs, soit entre des angles. Nous allons voir comment on peut *mesurer* ces grandeurs.

Mesurer une grandeur, c'est la comparer à une autre de même nature prise pour *unité*, autrement dit, chercher combien de fois la grandeur proposée contient l'unité ou une fraction de l'unité. Le nombre ainsi obtenu est ce qu'on appelle la *mesure* de la grandeur en question.

Ainsi, pour mesurer une longueur, on cherche combien elle contient de mètres; ou, si elle ne contient pas exactement un nombre entier de mètres, combien elle contient de décimètres, de centimètres, etc.

91. — On appelle *rapport* de deux grandeurs de même nature le nombre qui mesurerait la première si la seconde était prise pour unité. Par exemple, si une longueur a 12 mètres, une autre 5 mètres, la première contient douze fois, une longueur qui serait $\frac{1}{5}$ de la seconde; donc, la première est les $\frac{12}{5}$ de la seconde.

On voit que la valeur numérique du rapport des deux longueurs s'exprime par le quotient des nombres qui mesurent ces deux longueurs lorsqu'on a pris le mètre pour unité.

92. Si, au lieu du mètre, on avait pris le décimètre pour unité, cette nouvelle unité, étant 10 fois plus petite que que la première, sera contenue 120 et 50 fois dans les longueurs données. Autrement dit, les nombres qui mesurent ces deux longueurs, lorsqu'on prend pour unité

le décimètre, sont 10 fois plus grands que ceux que l'on obtenait en prenant le mètre pour unité. Mais le quotient de ces deux nombres s'exprime par la fraction $\frac{120}{50}$, équivalente à $\frac{12}{5}$, puisque les deux termes de la première s'obtiennent en multipliant par un même nombre, 10, les deux termes de la deuxième.

Le raisonnement que je viens de faire sur un exemple est général ; on en conclut que *le rapport de deux grandeurs a pour valeur numérique le quotient des nombres qui mesurent ces grandeurs évaluées au moyen de la même unité, quelle que soit cette unité.*

Si A'B', AB sont les deux longueurs de 12 mètres et de 5 mètres, dont il a été question, leur rapport se représente par $\frac{A'B'}{AB}$, et on écrit :

$$\frac{A'B'}{AB} = \frac{12}{5}.$$

93. — Les deux termes d'un rapport sont des grandeurs de même nature ; mais deux rapports peuvent avoir la même valeur numérique. On dit alors qu'ils sont égaux. Une égalité de rapports s'appelle une *proportion*.

On dit que deux séries de grandeurs sont proportionnelles si le rapport de deux grandeurs d'une série est toujours égal au rapport des deux grandeurs correspondantes de l'autre.

Par exemple, si un homme marche de façon à faire toujours 100 mètres à la minute, il fera 1 kilomètre en 10 minutes, 6 kilomètres à l'heure, etc. Et on dira que les espaces parcourus sont proportionnels aux temps employés à les parcourir.

Il résulte de cette proportionnalité que, si on connaît l'espace parcouru pendant un temps donné, il suffira de connaître le temps employé à parcourir un autre espace pour connaître cet espace. Ainsi, en reprenant l'exemple précédent, on arrive à dire que le marcheur a à parcourir une distance de 45 minutes, pour exprimer qu'il a à parcourir une distance pour laquelle il lui faudra 45 minutes de marche.

94. Définition. — On appelle *angle au centre* tout angle qui a son sommet au centre d'une circonférence.

On appelle angle *inscrit* tout angle qui a son sommet sur la circonférence.

THÉORÈME X

95. — **Des angles au centre égaux interceptent sur la circonférence des arcs égaux (dans un même cercle ou dans des cercles égaux)** (*fig.* 55).

Soient AOB, A'O'B' deux angles égaux; O, O' étant les centres de circonféren-

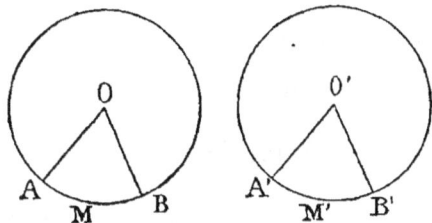

Fig. 55.

ces égales. On peut faire coïncider les deux angles. Alors les circonférences coïncident puisqu'elles ont même centre et même rayon. Les rayons O'A', O'B' étant respectivement sur OA et OB, les arcs A'M'B' et AMB coïncident.

96. Corollaire. — Deux diamètres perpendiculaires divisent la circonférence en quatre parties égales.

THÉORÈME XI

97. — **Dans un même cercle ou dans des cercles égaux, le rapport de deux angles au centre est le même que celui des arcs correspondants** (*fig.* 56).

Supposons qu'il existe un angle qui soit contenu trois fois dans l'angle AOB et cinq fois dans l'angle A'O'B'. On aura :

$$\frac{A'O'B'}{AOB} = \frac{5}{3}.$$

Si on divise AOB en 3 parties égales et A'O'B' en 5, on obtiendra des angles qui, d'après le théorème précédent, déterminent des arcs égaux sur les circonférences, supposées de même rayon.

L'arc AMB contient 3 de ces arcs, l'arc A'M'B' en contient 5, le rapport des arcs est donc :

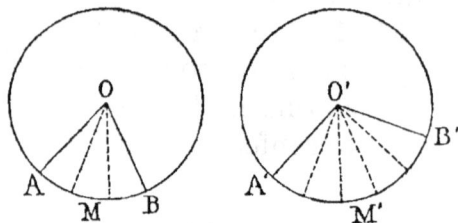

Fig. 56.

$$\frac{A'M'B'}{AMB} = \frac{5}{3}.$$

Les rapports d'angles et d'arcs ayant même valeur numérique, on a :

$$\frac{A'O'B'}{AOB} = \frac{A'M'B'}{AMB}.$$

98. Remarque. — Comme à plusieurs reprises on aura à établir des *théorèmes de proportionnalité*, c'est-à-dire des théorèmes énonçant la proportionnalité des grandeurs de deux séries, il est utile de se bien rendre compte de la marche suivie ici :

1° On établit qu'à deux grandeurs égales d'une série correspondent deux grandeurs égales de l'autre.

2° On établit que, si on divise deux grandeurs d'une série en parties égales, les grandeurs de l'autre série se trouvent divisées aussi en parties égales, en nombres correspondants. D'où on déduit que les rapports ont même valeur numérique dans les deux séries.

99. Corollaires. — 1° Dans un même cercle ou dans des cercles égaux, les arcs et les cordes sont dans le même ordre de grandeur (si on ne considère que les arcs inférieurs à une demi-circonférence).

En effet, les cordes sont les troisièmes côtés de triangles dont les autres côtés sont égaux. Donc, elles sont dans le même ordre de grandeur que les angles opposés. Or, ces angles sont proportionnels aux arcs.

2° Un angle au centre a même mesure que l'arc compris entre ses côtés, si on prend pour unité d'angle et pour unité d'arc un angle et un arc qui se correspondent.

Ce qu'on énonce en abrégé : *un angle au centre a pour mesure l'arc compris entre ses côtés.*

En effet, si AOB est l'unité d'angle, AMB l'unité d'arc, $\dfrac{A'O'B'}{AOB}=$ mesure A'O'B', et $\dfrac{A'M'B'}{AMB}=$ mesure A'M'B', donc, mesure A'O'B' $=$ mesure A'M'B'.

Si on prend l'angle droit pour unité d'angle, l'unité d'arc est un quart de circonférence.

Si on prend la 360° partie de la circonférence pour unité d'arc, l'angle droit est mesuré par 90. L'unité, dans ce cas, s'appelle le degré. Elle est divisée en 60 minutes, chaque minute en 60 secondes, les secondes sont divisées en fractions décimales.

Un arc de 57 degrés 17 minutes 44 secondes 81 centièmes, s'écrit : 57°17′44″,81.

Théorème XII

100. — Un angle inscrit a pour mesure la moitié de l'arc compris entre ses côtés (en supposant toujours que l'on a pris pour mesurer les arcs et les angles des unités correspondantes).

1° Supposons que l'un des côtés de l'angle passe par le centre (*fig.* 57); l'angle BOC extérieur au triangle OAC est égal à la somme des deux angles $\hat{A}$ et C non adjacents (**59**); ces deux angles étant égaux, puisque OA et OC sont égaux, leur somme est égale au double de $\hat{A}$. Donc,

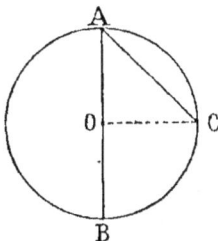

Fig. 57.

$$\hat{BAC}=\frac{1}{2}\,\hat{BOC}.$$

La mesure de $\hat{BAC}$ est la moitié de celle de BOC, c'est-à-dire la moitié de BC.

2° Supposons qu'aucun des côtés de l'angle ne passe par le centre, l'angle BAC est alors la somme (*fig.* 58) ou la différence (*fig.* 59) de deux angles BAD, CAD. La mesure est la somme ou la différence des mesures de ces angles. Or, ceux-ci ont pour mesure

$$\frac{1}{2}\ DB, \frac{1}{2}\ CD.$$

Donc, BAC a pour mesure

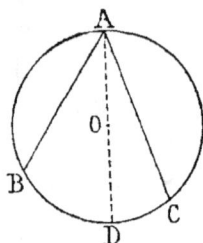

Fig. 58.

$$\frac{1}{2}\ BD + \frac{1}{2}\ CD = \frac{1}{2}\ (BD + CD) = \frac{1}{2}\ BC,$$

dans le cas de la figure 58 ;

ou $\qquad \frac{1}{2}\ BD - \frac{1}{2}\ CD = \frac{1}{2}\ (BD - CD) = \frac{1}{2}\ BC,$

dans le cas de la figure 59.

101. Remarque. — Le théorème est encore vrai, lorsque l'un des côtés devient tangent à la circonférence. On peut considérer ce cas comme un cas limite du précédent, qui est vrai quelle que soit la petitesse de l'une des cordes. On peut aussi l'établir directement.

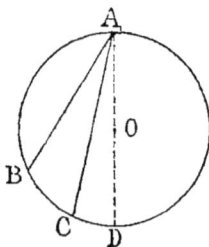

Fig. 59.

Si AC est tangent à la circonférence, menons BD parallèle à AC (*fig.* 60).

$$B\hat{A}C = A\hat{B}D$$

comme alternes-internes par rapport aux parallèles AC, BD et à la sécante AB. ABD a pour mesure la moitié de l'arc AD qui est égal à AB comme compris entre parallèles (83), donc la mesure de BAC est la moitié de l'arc AB.

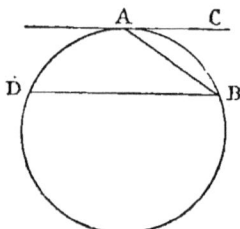

Fig. 60.

102. Corollaires. — 1° Tous les angles inscrits dans

un même segment sont égaux, car ils ont même mesure. On dit que le segment est *capable* de l'angle auquel sont égaux tous les angles inscrits.

2° Tout angle inscrit dans une demi-circonférence est droit, car il a pour mesure la moitié de la demi-circonférence, c'est-à-dire un quart de circonférence, ce qui est la mesure d'un angle au centre droit.

Théorème XIII

103. — Un angle qui a son sommet à l'extérieur d'une circonférence a pour mesure la demi-somme des arcs compris entre ses côtés et leurs prolongements (*fig.* 61).

En effet, l'angle BAC extérieur au triangle BAC' est

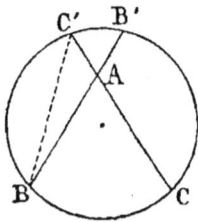

Fig. 61.

égal à la somme des deux angles intérieurs non adjacents, ABC' et AC'B.

Le premier a pour mesure la moité de l'arc B'C', le second a pour mesure la moitié de l'arc BC, donc BAC a pour mesure

$$\frac{1}{2}(BC + B'C').$$

Théorème XIV

104. — Un angle qui a son sommet à l'intérieur d'une circonférence a pour mesure la demi-différence des arcs compris entre ses côtés (*fig.* 62).

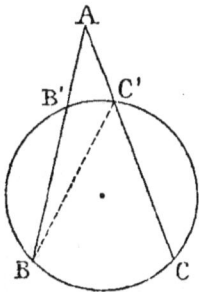

Fig. 62.

Si on mène BC', l'angle BC'C extérieur au triangle ABC' est égal à la somme des angles BAC, ABC', donc

$$BAC = BC'C - ABC'.$$

Or, BC'C, angle inscrit, a pour mesure $\frac{1}{2}$ BC.

ABC′ a pour mesure $\frac{1}{2}$ B′C′ ; donc,

$$\text{mesure} \quad \text{BAC} = \frac{1}{2}\,\text{BC} - \frac{1}{2}\,\text{B′C′} = \frac{1}{2}\,(\text{BC} - \text{B′C′}).$$

Théorème XV

105. — **Le lieu des sommets des angles de grandeur constante dont les côtés passent par deux points fixes se compose de deux arcs de cercle symétriques.**

Soient A et B les deux points fixes, soit M un point du lieu. Si on construit le cercle qui passe par AMB, tous les angles inscrits dans le segment AMB sont égaux à l'angle M (*fig.* 63).

Si on prend un point situé du même côté de AB que M, mais non situé sur l'arc AMB, l'angle ayant ce point pour sommet ne sera pas égal à AMB. Si le point est P à l'intérieur du cercle, APB > AMB, car il a pour mesure la moitié de l'arc compris entre les côtés de AMB plus la moitié de l'arc compris entre les prolongements de AP et BP (103).

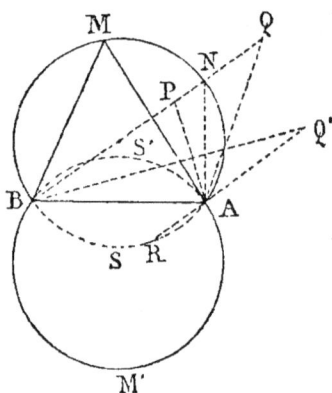

Fig. 63.

Si le point est Q à l'extérieur, l'angle AQB < AMB, car sa mesure sera une demi-différence d'arcs dont le premier sera l'arc compris entre les côtés de AMB (104).

Donc le lieu des points M situés d'un côté de AB, et tels que l'angle AMB ait une valeur donnée, est un arc de cercle.

Le lieu des points situés de l'autre côté est évidemment l'arc symétrique.

Remarque. — Si l'angle M est droit, les deux arcs symétriques sont des demi-circonférences. Le lieu du point M est alors la circonférence décrite sur AB comme diamètre.

Théorème XVI

106. — Dans un quadrilatère convexe inscrit dans une circonférence, les angles opposés sont supplémentaires (*fig.* 64).

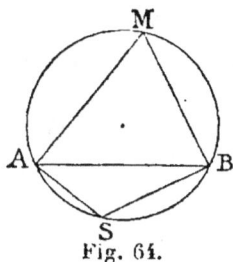

Fig. 64.

En effet, la somme des arcs compris entre les côtés de BAD et de BCD est la circonférence entière, la mesure de leur somme est donc une demi-circonférence.

Théorème XVII

107. — Réciproquement, si dans un quadrilatère convexe deux angles opposés sont supplémentaires, le quadrilatère est inscriptible (*fig.* 64).

Supposons BAD, BCD supplémentaires, faisons passer une circonférence par ABD. Le lieu des sommets des angles supplémentaires de BAD, dont les côtés passent par B et D, et qui sont situés de l'autre côté de BD par rapport à BAD, est l'arc supplémentaire de l'arc BAD.

Exercices

1. — On prend dans un cercle des arcs AB = 60°, BC = 90°, CD = 108°. Calculer :

1° Les angles du quadrilatère ABCD ;
2° Les angles formés par les diagonales ;
3° Les angles formés par les côtés AB, CD et AD, BC prolongés jusqu'à leur rencontre.

2. — On prend dans un cercle deux arcs AB = 120°, AC = 96° de part et d'autre d'un point A, on mène la bissectrice intérieure AD de l'angle BAC, et la bissectrice extérieure AE.

1° Evaluer les arcs AD, AE, BD, BE, CD, CE ;
2° Démontrer que les points D et E sont diamétralement opposés.

3. — BB′ et CC′ étant deux hauteurs d'un triangle ABC, démontrer que le cercle de diamètre BC passe par B′ et C′.

Calculer les angles du quadrilatère BCB'C'.

En déduire les angles AB'C' et AC'B'.

4. — Étant donné un triangle ABC dont les hauteurs sont AA', BB', CC', évaluer les angles du triangle A'B'C'.

Démontrer que AA', BB', CC' sont les bissectrices des angles de ce triangle.

5. — Le rectangle est le seul parallélogramme inscriptible dans un cercle.

6. — Si un trapèze est inscrit dans un cercle, les côtés parallèles sont égaux, et réciproquement un trapèze dont les côtés non parallèles sont égaux est inscriptible dans un cercle.

7. — Les hauteurs d'un triangle rencontrent le cercle circonscrit au triangle en trois points symétriques du point de concours des hauteurs par rapport à chaque triangle.

8. — Un triangle ABC étant inscrit dans un cercle, on prend les points A'B'C' où les bissectrices intérieures des angles de ABC coupent le cercle.

1° Calculer les angles du triangle A'B'C'.

2° Calculer les angles que ses côtés font avec les côtés de ABC.

Application au cas où B = 72°, C = 48°.

9. — Les hauteurs d'un triangle sont les bissectrices des angles du triangle formé par leurs pieds.

10. — Sur une circonférence on prend quatre points ABCD tels que

arc AB = 60°, arc BC = 72°, arc CD = 108°.

Calculer : 1° les angles du quadrilatère ; 2° les angles que les diagonales forment avec les côtés et entre elles ; 3° les angles que forment les côtés opposés prolongés. Indiquer les vérifications que l'on peut faire.

11. — Sur une circonférence on prend de part et d'autre d'un point A :

arc AB = 90°, arc AC = 130° ;

on mène par le point A la droite AD perpendiculaire à BC et le diamètre AE. Calculer :

1° Les angles de AD avec AB et AC ;

2° Les angles de AE avec AB, AC, BC ;

3° L'angle des droites AB et CD prolongées.

Démontrer que BAD = CAE = BCD.

12. — Un triangle ABC étant inscrit dans un cercle, on mène la bissectrice de l'angle A qui coupe le cercle en D et le côté BC en E.

Démontrer que les triangles ABE, CDE ont leurs angles égaux ; de même ACE, BDE.

13. — Les bissectrices des angles d'un quadrilatère convexe quelconque sont les côtés d'un quadrilatère inscriptible ; dans quel cas ce dernier quadrilatère est-il un rectangle?

CONSTRUCTIONS GÉOMÉTRIQUES

108. — Instruments qui servent à effectuer les constructions géométriques.

Pour effectuer des constructions géométriques, on se sert de *règles*, de *compas*, d'*équerre* et de *rapporteur*.

La règle sert à tracer des lignes droites. Pour vérifier une règle on applique celle-ci sur une feuille de papier,

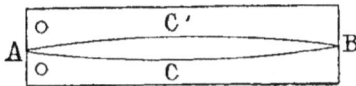
Fig. 65.

et on trace une ligne ACB (*fig.* 65), en faisant passer le long de la règle une plume trempée dans l'encre ou un crayon bien taillé. Puis on retourne la règle, et on trace une ligne AC'B ayant mêmes extrémités que la première. Si la règle est juste, les deux lignes tracées doivent être des droites ; et comme elles ont deux points communs, elles doivent coïncider. Il est utile d'avoir une règle divisée ; généralement on se sert d'un double-décimètre.

Une équerre a la forme d'un triangle rectangle ; on vérifie, comme pour une règle ordinaire, que les bords sont rectilignes.

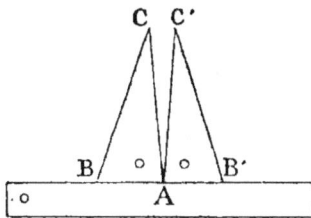
Fig. 66.

On vérifie que l'équerre a un angle rigoureusement droit en appliquant un côté AB de l'équerre le long d'une règle (*fig.* 66), ou d'une autre équerre. On trace la ligne AC en suivant le deuxième côté de l'angle droit. Puis on retourne l'équerre de façon à la mettre dans la position AB'C'. La ligne AC' doit coïncider avec AC.

Le rapporteur (*fig.* 67) est un demi-cercle divisé en degrés ou demi-degrés, dont le centre est marqué par une petite entaille faite dans le diamètre qui le limite. Pour mesurer un angle, il suffit de placer le centre au sommet de l'angle, le diamètre étant dirigé suivant un des côtés, l'autre rencontre le demi-cercle en un point, extrémité de l'arc qui mesure l'angle (99).

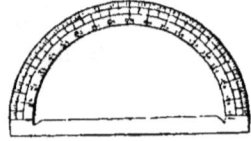

Fig. 67.

Inversement, on peut construire un angle dont la grandeur est donnée numériquement.

PROBLÈME FONDAMENTAL

109. — Construire un triangle, connaissant ses trois côtés.

Soient a, b, c, les longueurs des trois côtés supposés donnés sur une figure; je prends sur une droite une longueur $BC = a$. Pour construire le triangle, il resterait à déterminer la position du sommet A. Or le point A est à une distance de B égale à c; ce qui revient à dire qu'il est sur un cercle de centre B et de rayon c (*fig.* 68).

De même, le point A est sur le cercle de centre c et de rayon b. Donc le point A doit être à l'intersection de ces deux cercles. On sait que ceux-ci se coupent si a est compris entre la somme et la différence des longueurs b et c (88). Donc, si ces conditions sont réalisées, on trouve deux points A, A', et par suite deux triangles

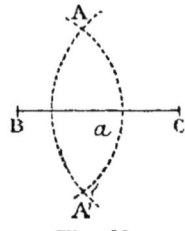

Fig. 68.

ABC, A'BC. Mais ces deux triangles ne sont que deux positions différentes d'un même triangle, car on peut appliquer l'un sur l'autre en repliant la figure autour de BC.

Il résulte de là qu'on pourra construire avec la règle et le compas un angle égal à un angle donné sur une figure, car il suffira de construire un triangle qui contienne cet angle et dont on connaisse les trois côtés.

110. Application. — Par un point pris hors d'une droite, mener la parallèle à cette droite (*fig.* 69).

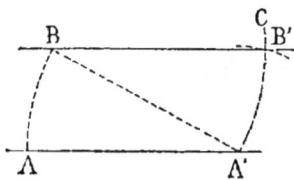

Fig. 69.

Il suffit de construire un angle égal à celui qu'une sécante passant par le point fait avec la droite, et alterne-interne par rapport à ce dernier angle (**66**).

PROBLÈMES ÉLÉMENTAIRES

111. — La méthode générale de résolution des problèmes suivants se déduit de deux remarques :

1° Dans un triangle isocèle, la même droite est en même temps médiane, bissectrice et hauteur.

2° La corde commune à deux cercles est perpendiculaire sur la ligne des centres.

PROBLÈME I

112. — **Mener une perpendiculaire à une droite AB en un point donné C pris sur cette droite** (*fig.* 70).

Le problème revient à construire un triangle isocèle tel que C soit le milieu de la base. Pour cela, on prend de part et d'autre de C des longueurs Ca, Cb égales. Des points a, b comme centre, on décrit deux arcs de cercle de même rayon. Si D est un de leurs points d'intersection, DC est la droite cherchée, car, étant médiane d'un triangle isocèle, elle est hauteur.

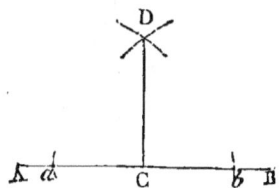

Fig. 70.

On a une vérification en s'assurant que CD passe par le second point d'intersection des arcs de cercles décrits.

Problème II

113 — Mener une perpendiculaire à une droite AB par un point C pris hors de cette droite (*fig.* 71).

En décrivant de C comme centre un arc de cercle qui coupe AB aux points a, b, on détermine un triangle isocèle Cab. En décrivant de a et b comme centre des arcs de cercle de rayons égaux, on peut déterminer un point D, sommet d'un second triangle isocèle Dab. Les médianes de Cab et Dab étant perpendiculaires au milieu de ab,

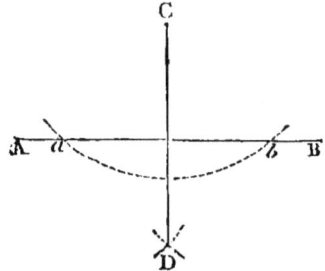

Fig. 71.

elles coïncident ; il suffit donc de joindre CD pour avoir la droite demandée.

Problème III

114. — Diviser une droite en deux segments égaux (*fig.* 72).

Si on décrit de A et B comme centres, des arcs de cercle de même rayon qui se coupent en C et D, CAB et DAB sont isocèles ; la droite CD, corde commune à deux cercles, est perpendiculaire à la ligne des centres AB. Donc CD est la hauteur de chacun de ces triangles, par suite, elle est médiane.

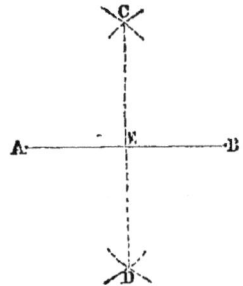

Fig. 72.

Problème IV

115. — Diviser un angle en deux parties égales (*fig.* 73).

Si on décrit du sommet O un arc qui coupe les côtés en D et E, on a un triangle ODE isocèle ; on est ramené

à construire la perpendiculaire abaissée de O sur DE.
Donc il suffit de décrire de D et E comme centres des

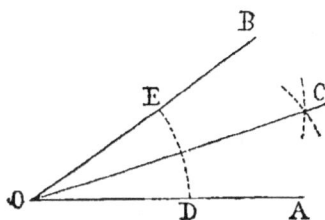

Fig. 73.

arcs de cercles égaux, pour obtenir un point C de la
bissectrice.

PROBLÈME V

**116. — Diviser un arc de cercle en deux parties
égales.**

On sait que la perpendiculaire élevée sur le milieu
d'une corde coupe les arcs sous-tendus en deux parties
égales. Donc on est ramené au problème III.

EMPLOI DE L'ÉQUERRE

117. — On emploie généralement l'équerre pour le
tracé des parallèles, la construction étant beaucoup plus rapide par ce moyen que par l'emploi du compas.

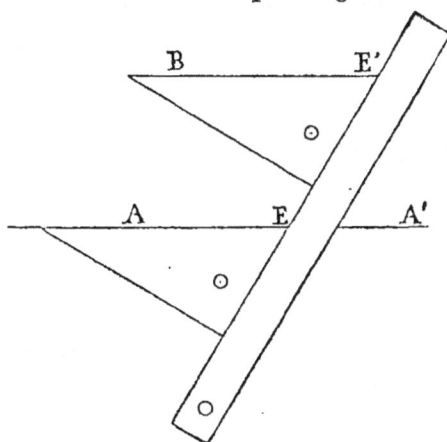

Fig. 74.

On place l'équerre de façon que son hypoténuse coïncide avec la droite donnée AA′ (*fig.* 74), et on appuie une règle contre l'un des côtés de l'angle droit de l'équerre. Puis,
en maintenant la règle immobile, on fait glisser l'équerre

jusqu'à ce que son hypoténuse vienne passer par le point B. La droite BE′ est parallèle à AE, car les angles correspondants E et E′ sont égaux (55).

On pourrait se servir de l'équerre pour le tracé des perpendiculaires ; mais, dans les dessins pour lesquels on veut obtenir une grande exactitude de construction, l'équerre ne doit servir que pour les constructions de parallèles.

118. — La solution de certains problèmes résulte immédiatement de théorèmes connus et conduit à certaines des opérations précédentes. C'est ce qui arrive pour le problème suivant.

PROBLÈME VI

119. — **Construire la tangente à un cercle en un point donné pris sur la circonférence.**

On sait que la tangente est perpendiculaire à l'extrémité du rayon qui aboutit au point donné. On a donc à élever une perpendiculaire sur une droite en un point de cette droite.

120. — Si la solution d'un problème ne résulte pas immédiatement de théorèmes connus, on peut ordinairement trouver cette solution en employant une méthode dont je vais donner un exemple avant de la formuler d'une façon générale.

PROBLÈME VII

121. — **Mener à un cercle une tangente par un point donné non situé sur la circonférence** (*fig.* 75).

Considérons la figure formée par un cercle et une tangente. C'est une figure de ce genre qu'il s'agit de construire, connaissant le cercle et un point de la tangente, autre que le point de contact. La considération de la figure montre que le point donné doit être extérieur au cercle pour que le problème soit possible, puisque tout point de la tangente, autre que le point de contact, est extérieur au cercle.

Comme on connaît un point de la tangente, il suffirait d'en trouver un second pour qu'on puisse tracer cette droite. Il est naturel de chercher à déterminer le point de contact.

Ce point est d'abord situé sur la circonférence donnée. En outre on sait qu'il est le sommet d'un angle droit dont les côtés passent par O et A ;

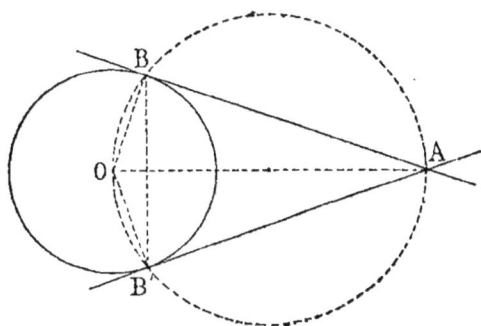

Fig. 75.

ce qui équivaut à dire qu'il est sur le cercle de diamètre OA (105). On a donc ainsi deux lieux sur lesquels doit se trouver le point donné :

1° Le cercle donné ;

2° Le cercle de diamètre OA.

Le point cherché est à l'intersection de ces deux lieux. Comme le cercle de diamètre OA a un point O intérieur au cercle donné et un point A extérieur, il coupe le cercle en deux points B et B'. Les droites AB, AB' perpendiculaires aux rayons OB, OB', d'après ce qui précède, sont deux tangentes menées de A à la circonférence.

122. Remarque. — La droite OA est un axe de symétrie pour la figure, comme diamètre commun aux deux cercles. Il en résulte :

1° Que la corde de contact BB' est perpendiculaire à OA ;

2° Que OA est bissectrice de BAB' et de BOB' ;

3° Que AB = AB'.

123. — La méthode employée peut se formuler ainsi :

1° On suppose le problème résolu, c'est-à-dire on considère une figure de la nature de celle qu'on a à construire, et on cherche les relations qui existent entre les éléments connus et inconnus (c'est en cela que consiste la *méthode analytique*).

2° Généralement, la détermination de la figure dépend de celle d'un certain point. Celui-ci peut se trouver comme intersection de deux lignes. On cherche alors quelles sont les conditions auxquelles ce point est assujetti. Chaque condition donne un lieu ; si on peut obtenir deux lieux qui soient des droites ou des cercles, ou des systèmes de ces lignes, on déterminera le point comme intersection des deux lieux (*Méthode des lieux géométriques*).

Ces méthodes sont extrêmement importantes ; non seulement on a à tout instant occasion de les employer en géométrie, mais ces méthodes ne sont en somme autre chose que les méthodes fondamentales de l'algèbre et de la géométrie analytique.

PROBLÈME VIII

124. — Mener à un cercle une tangente parallèle à une droite donnée.

Appliquons les méthodes précédentes (*fig.* 76). Soit AA′ une tangente répondant à la question ; le point de contact A est situé à la fois sur le cercle et sur le rayon perpendiculaire à AA′ ; or le rayon perpendiculaire à AA′ est perpendiculaire à la droite donnée CD. Il suffit donc de mener du point O la perpendiculaire sur CD. On a ainsi un diamètre qui coupe le cercle en deux points A, B, et deux tangentes AA′, BB′, répondant à la question.

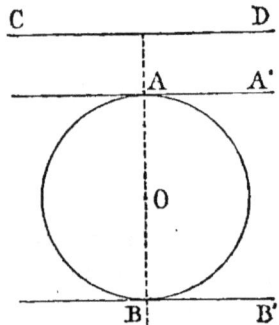
Fig. 76.

PROBLÈME IX

125. — Décrire sur une droite donnée AB un segment capable d'un angle donné.

Supposons le problème résolu, soit AMB (*fig.* 77), un segment répondant à la question. La détermination de la figure revient à celle du centre O de la circonférence à laquelle appartient le segment.

On sait que ce centre est sur la perpendiculaire élevée au milieu de AB ; cela fait un premier lieu facile à construire.

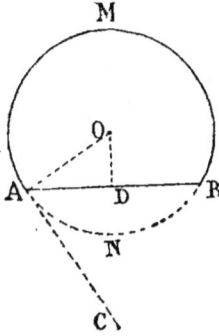

Si on mène la tangente AC, on sait que l'angle BAC doit être égal à l'angle donné. Donc on peut construire cet angle BAC. La tangente étant perpendiculaire à l'extrémité d'un rayon, inversement la perpendiculaire élevée au point de contact passe par le centre ; on a donc un deuxième lieu du centre, en élevant la perpendiculaire en A sur AC.

Fig. 77.

126. Remarque. — Il peut arriver que la détermination d'une figure se ramène facilement à celle d'une droite ; on peut appliquer dans ce cas le principe de la méthode des lieux géométriques.

Par exemple, si on avait à construire un triangle, connaissant un angle, la longueur de la bissectrice et celle de la hauteur partant du sommet de l'angle, on peut construire l'angle et sa bissectrice. Le troisième côté passe par un point connu, l'extrémité de la bissectrice ; il est à une distance du sommet égale à la hauteur, ce qui revient à dire qu'il est tangent à un cercle décrit du sommet comme centre avec la hauteur comme rayon.

Donc le troisième côté appartient 1° à la série des droites passant par un point connu ; 2° à la série des tangents à un cercle connu.

Donc c'est une tangente menée du point au cercle. On a deux solutions symétriques, par suite, deux triangles égaux.

EXERCICES

1. — Construire un triangle rectangle, connaissant l'hypoténuse et un des côtés de l'angle droit

2. — Construire un triangle rectangle, connaissant l'hypoténuse et la hauteur.

3. — Construire un triangle, connaissant un côté, l'angle opposé et la hauteur correspondant à ce côté.

4. — Mener par un point une droite sur laquelle un cercle intercepte une corde de longueur donnée.

5. — On donne une circonférence et un point A situé à une distance du centre double du rayon. Construire les tangentes menées du point A à la circonférence. Démontrer que le triangle formé par les tangentes et la corde de contact est équilatéral.

6. — Construire un triangle, connaissant un angle, la longueur de la bissectrice de cet angle et le rayon du cercle inscrit.

7. — Construire un triangle, connaissant un angle, le côté opposé et la somme ou la différence des deux autres côtés.

8. — Construire un trapèze, connaissant les 4 côtés.

9. — Construire un quadrilatère, sachant qu'il est inscrit dans un cercle de rayon connu, que ses diagonales sont rectangulaires et qu'elles ont des longueurs données.

LIVRE III

PROPRIÉTÉS MÉTRIQUES

———

MESURE DES AIRES

127. — On appelle *aire* l'étendue d'une portion limitée de surface. On emploie, d'ailleurs, fréquemment le mot *surface* à la place du mot *aire*. Ainsi, on dit indifféremment l'*aire* d'un polygone ou la *surface* d'un polygone.

Deux figures peuvent avoir la même aire sans être égales ; on dit alors qu'elles sont *équivalentes*.

On prend pour unité d'aire, l'aire du carré construit sur l'unité de longueur.

La mesure des aires peut se ramener à la mesure de certaines longueurs, comme on le verra, par exemple, dans les théorèmes suivants.

THÉORÈME 1

128. -- L'aire d'un rectangle s'obtient en faisant le produit des nombres qui mesurent ses deux côtés (*fig.* 78).

Soit ABCD un rectangle, supposons que les côtés AB, AC aient une commune mesure qui soit contenue, par exemple, 7 fois dans l'un et 4 fois dans l'autre. Divisons AB en 7 parties, AC en 4, et par les points de division de chaque côté menons des parallèles à l'autre. Le rectangle ABCD

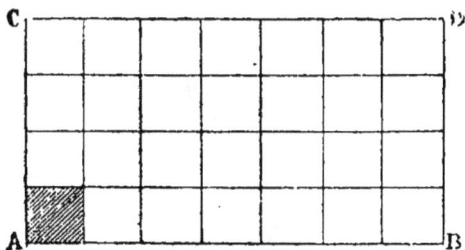

Fig. 78.

se trouve ainsi divisé en carrés, qui ont tous pour côté la commune mesure considérée de AB et AC. Il y a 4 rangées horizontales de ces carrés, chacune contenant 7 carrés, donc le nombre des carrés est 7×4.

Si on prend pour unité de longueur la longueur prise pour commune mesure de AB et AC, chacun des carrés construits aura une aire égale à l'unité. La surface du rectangle sera représentée par

$$7 \times 4 = 28.$$

Remarque. — Les deux longueurs AB, AC sont évaluées au moyen d'une même unité ; la surface du rectangle est exprimée au moyen de l'unité correspondante, c'est-à-dire du carré construit sur l'unité de longueur.

Ainsi, la surface d'un rectangle ayant pour côtés 3^m et $0^m,50$ sera $30 \times 5 = 150$ décimètres carrés, si on évalue les côtés en décimètres, ou $3 \times 0,5 = 1^{mq},5$ si on évalue les côtés en mètres.

129. Corollaire. — La surface d'un carré se mesure par le carré du nombre qui mesure son côté.

Il en résulte que le mètre carré contient 100 décimètres carrés, le décimètre carré 100 centimètres, etc. D'ailleurs, il suffit de diviser le côté d'un mètre carré, par exemple, en 10 décimètres et d'effectuer la construction employée plus haut, c'est-à-dire de mener par les points de division de chaque côté des parallèles à l'autre pour décomposer ce carré en 100 carrés de 1 décimètre de côté.

Théorème II

130. — La surface d'un parallélogramme s'obtient en multipliant la base par la hauteur.

On appelle *base* un côté quelconque et *hauteur* la distance à cette base d'un point du côté opposé. La base et la hauteur doivent toujours être évaluées au moyen de la même unité, et la surface est exprimée en unités correspondantes. La même remarque doit être sous-entendue à l'occasion de tous les théorèmes relatifs à des évaluations de surfaces.

Soit ABCD un parallélogramme (*fig.* 79), menons CC', DD' perpendiculaires sur AB. Les triangles ADD', BCC' sont égaux, car ils ont AD = BC comme côtés opposés d'un parallélogramme, DD' = CC' comme côtés opposés d'un rectangle, les angles en D et C égaux comme ayant leurs côtés parallèles.

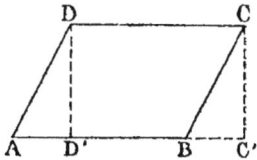

Fig. 79.

Le parallélogramme ABCD et le rectangle DD'C'C ont une partie commune DD'BC et les parties non communes sont égales. Donc, les surfaces sont équivalentes, les deux figures ne différant que par la disposition des parties.

Théorème III

131. — L'aire d'un triangle a pour mesure la moitié du produit de sa base par sa hauteur.

Soit BC le côté pris pour base (*fig.* 80), AH la hauteur correspondante. Menons par les points A et C des parallèles aux côtés opposés; elles se coupent en D. La figure ABCD est un parallélogramme qui a pour surface

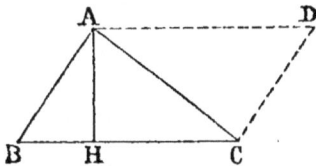

Fig. 80.

$$BC \times AH.$$

Mais ce parallélogramme se décompose en deux triangles égaux ABC, ACD; donc,

$$\text{surf. } ABC = \frac{1}{2} BC \times AH.$$

Théorème IV

132. — L'aire d'un trapèze a pour mesure la moitié du produit de la somme des bases par la hauteur.

En effet, si on mène la diagonale AC, on décompose le

trapèze en deux triangles que l'on doit évaluer. On a (*fig.* 81) :

$$\text{surf. ADC} = \frac{1}{2} \text{DC} \times \text{AA}',$$

$$\text{surf. ABC} = \frac{1}{2} \text{AB} \times \text{CC}' = \frac{1}{2} \text{AB} \times \text{AA}',$$

car AA' = CC'. En ajoutant, on a :

$$\text{surf. ABCD} = \frac{1}{2} \text{AA}' (\text{AB} + \text{CD}).$$

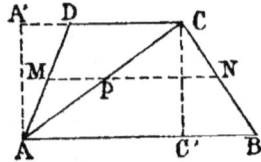

133. Remarque. — L'aire d'un trapèze est aussi égale au produit de la hauteur par la droite qui joint les milieux des côtés non parallèles (*fig.* 82).

Fig. 81.

En effet soit E le milieu de BC, si on mène MN parallèle à AD, on forme un parallélogramme ANMD, qui est équivalent au trapèze ABCD, car ces deux figures ont en commun ANECD et les triangles ECM, EBN sont égaux, comme ayant EB = EC et les angles en E égaux comme opposés par le sommet, les angles en B et C égaux comme alternes-internes.

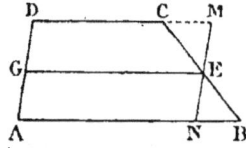

Fig. 82.

Il en résulte que ABCD et ANMD sont équivalents.

En outre, EM = EN, et, si on mène EG parallèle aux bases, elle coupe AD en G, GD = EM, AG = EN, donc AG = GD.

EG est la droite qui joint les milieux des côtés non parallèles.

Elle est égale à la base AN du parallélogramme.

THÉORÈME V

134. — La surface d'un quadrilatère dont les diagonales sont perpendiculaires a pour mesure la moitié du produit des diagonales (*fig.* 83).

Car, si on mène par chaque sommet une parallèle à la

diagonale qui n'y passe pas, on forme un rectangle MNPQ, dont les côtés sont égaux à AC et à BD.

Or, le rectangle contient, outre les quatre triangles qui figurent dans ABCD, quatre autres triangles respectivement égaux aux premiers. Donc

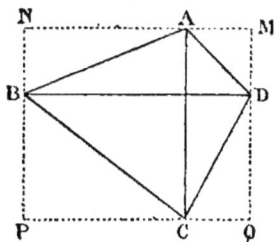

Fig. 83.

$$ABCD = \frac{1}{2}MNPQ$$

ou

$$ABCD = \frac{1}{2}AC \times BD.$$

Remarque. — En particulier, le losange et le carré sont des quadrilatères à diagonales perpendiculaires.

Théorème VI

135. — La surface d'un polygone circonscrit à un cercle a pour mesure la moitié du produit de son périmètre par le rayon du cercle inscrit (*fig.* 84).

En effet, on peut décomposer ce polygone en triangles, ayant tous pour sommet le centre du cercle inscrit. Ces triangles ont tous pour hauteur le rayon R.

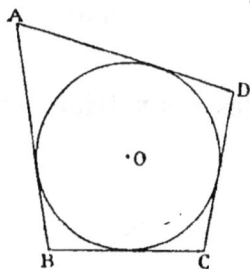

Fig. 84.

Chacun d'eux ayant pour surface $\frac{1}{2}R \times$ côté correspondant, la surface du polygone est

$$\frac{1}{2}R \times \text{somme des côtés}$$

ou

$$S = \frac{1}{2}P \times R$$

P désignant le périmètre.

136. Remarque. — On emploie souvent pour évaluer certaines surfaces des unités de mesures particulières. L'*are*, qui équivaut à un décamètre carré ; l'*hectare*

qui équivaut à un hectomètre carré; le *centiare*, qui équivaut à un mètre carré.

137. Remarque. — La surface d'un polygone pouvant s'évaluer de façons différentes, on peut en déduire
des égalités entre diverses expressions; ces relations, dites
relations *métriques*, permettent de calculer certaines
longueurs lorsqu'on en connaît d'autres.

Ainsi, les produits des trois hauteurs d'un triangle par
les côtés correspondants sont égaux; en particulier,
si ABC est un triangle rectangle, AD étant la hauteur, le
double de la surface peut s'exprimer, soit par $BC \times AD$,
soit par $AB \times AC$.

Donc, le produit des deux côtés de l'angle droit est
égal au produit de l'hypoténuse par la hauteur.

La considération des surfaces, pour obtenir des relations métriques, est très fréquemment commode.

THÉORÈME VII

138. — **Les bissectrices d'un angle d'un triangle
divisent le côté opposé en segments proportionnels
aux côtés adjacents** (*fig.* 85).

Soit AD la bissectrice intérieure, les deux triangles
ABD, ACD ayant même hauteur
sont entre eux dans le même rapport
que leurs bases, donc

$$\frac{ABD}{ADC} = \frac{BD}{DC}.$$

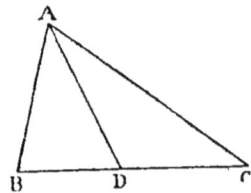

Fig. 85.

Si on considère ces triangles comme
ayant pour sommet D et pour bases
AB, AC, ils ont encore même hauteur (**46**).

Donc, ils sont entre eux comme leurs bases

$$\frac{ABD}{ADC} = \frac{AB}{AC}.$$

4.

En égalant les deux expressions du rapport $\dfrac{ABD}{ADC}$, on a :

$$\frac{BD}{DC} = \frac{AB}{AC}.$$

La démonstration est identiquement la même pour la bissectrice extérieure.

EXERCICES

1. — Calculer en ares et centiares la surface d'un rectangle qui a 24 mètres de long sur $18^m,25$ de large.

2. — Quel est le côté d'un carré dont la surface est 7 hectares 2 ares 25 centiares ?

3. — L'aire d'un trapèze est de 12 ares 48 centiares, sa hauteur est de 24 mètres, une des bases est double de l'autre. Calculer les bases.

4. — Un trapèze a pour bases 100 mètres et 40 mètres ; sa surface est de 910 mètres. Calculer sa hauteur.

5. — Un polygone est circonscrit à un cercle dont le rayon est 54 mètres, le périmètre du polygone est 432 mètres. Calculer sa surface.

6. — Une diagonale d'un losange a pour longueur 25 mètres, la surface du losange est de 375 mètres carrés ; quelle est la longueur de l'autre diagonale.

7. — Un propriétaire possède un terrain ayant la forme d'un carré dont le côté est 72 mètres. La ville veut ouvrir une rue de 16 mètres de largeur dont l'axe serait une diagonale du carré. On donne au propriétaire le choix entre deux propositions.

1° La ville achèterait le terrain tout entier à raison de 45 francs le mètre.

2° La ville achèterait le terrain nécessaire à la rue à raison de 50 francs le mètre, et laisserait le reste que le propriétaire trouverait à vendre à raison de 42 francs le mètre.

Quelle est la proposition la plus avantageuse pour le propriétaire ?

8. — Un jardin rectangulaire, ayant 32 mètres sur 18, est percé de deux allées perpendiculaires, respectivement parallèles aux côtés du rectangle ; ces allées ont 2 mètres de large. Calculer la surface des allées et la surface restante.

9. — Si deux triangles ABC, A'B'C' ont des angles A et A' égaux ou supplémentaires, leurs surfaces sont dans le même rapport que les produits des côtés qui comprennent ces angles.

10. — Etant donné un triangle équilatéral, démontrer que la

somme des distances d'un point intérieur aux trois côtés est constante. Quelle relation existerait-il entre les distances d'un point extérieur aux trois côtés ?

11. — Si par chacun des sommets d'un quadrilatère convexe on mène une parallèle à la diagonale qui ne passe pas par ce sommet, on forme un parallélogramme qui a une surface double de celle d'un quadrilatère.

Théorème VIII

139. — Sur une droite, il existe deux points, tels que le rapport de leurs distances à deux points A et B de cette droite ait une valeur donnée $\frac{p}{q}$. L'un de ces points est intérieur au segment AB, l'autre est extérieur à ce segment.

En effet, on peut toujours construire un triangle de base AB, dont les côtés AC, BC aient le rapport donné $\frac{p}{q}$; les pieds des bissectrices de l'angle C déterminent sur AB deux points M et M', tels que (*fig.* 86)

$$\frac{MA}{MB} = \frac{M'A}{M'B} = \frac{p}{q}.$$

Ces points sont les seuls répondant à la condition énoncée. Car si on prend un point N entre A et B, plus voisin de A, on a :

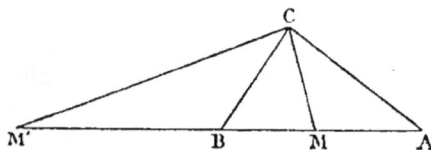
Fig. 86.

$$NA < MA$$
$$NB > MB,$$

donc

$$\frac{NA}{NB} < \frac{MA}{MB},$$

puisqu'on diminue une fraction, soit en diminuant son numérateur, soit en augmentant son dénominateur. Or, ici, on a fait les deux opérations à la fois. On voit, de même, que si N était plus près de B, le rapport aurait augmenté.

Pour le point extérieur, on a, si $\dfrac{p}{q} < 1$, c'est-à-dire, si le point M' est à droite,

$$\frac{M'A}{M'B} = \frac{M'B - AB}{M'B} = 1 - \frac{AB}{M'B};$$

donc, si le point M' s'éloigne, le rapport se rapproche de 1, et par suite augmente, puisque la fraction soustractive a un dénominateur qui augmente ; si le point se rapproche, le rapport diminue.

Si on avait eu $\dfrac{p}{q} > 1$, c'est-à-dire si M' était à gauche, on aurait :

$$\frac{M'A}{M'B} = \frac{M'B + AB}{M'B} = 1 + \frac{AB}{M'B}.$$

Théorème IX

140. — Une parallèle à la base d'un triangle divise les côtés qu'elle rencontre en parties proportionnelles.

Soit ABC un triangle, DE une parallèle à la base (*fig.* 87), supposons qu'il existe une commune mesure contenue deux fois dans DB et cinq fois dans AD. Je dis qu'on a :

$$\frac{AD}{DB} = \frac{AE}{EC} \quad \text{et} \quad \frac{AD}{AB} = \frac{AE}{AC}.$$

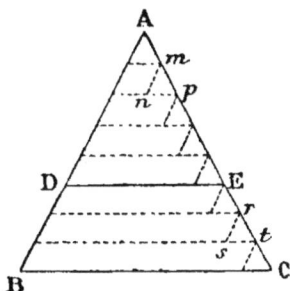

Fig. 87.

Les premiers rapports de ces proportions ayant pour valeurs numériques $\dfrac{5}{2}$ et $\dfrac{5}{7}$, il suffit de montrer que les deuxièmes rapports ont respectivement les mêmes valeurs. Par les points de division de AB, je mène des parallèles à BC, les segments AE, EC, AC sont divisés chacun en autant de parties que les segments correspondants AD, DB, AC ; il ne reste donc plus qu'à montrer que ces parties sont égales.

Soient mp et rt, deux de ces parties; je mène mn et rs parallèles à AB. Les triangles mnp, rst ont leurs angles égaux deux à deux comme ayant leurs côtés deux à deux parallèles et de même sens. En outre mn et rs sont égaux respectivement à deux parties de AB comme parallèles comprises entre parallèles; et ces parties sont égales entre elles par construction. Donc les triangles sont égaux, et $mp = rt$. Donc :

$$\frac{AE}{EC} = \frac{5}{2} = \frac{AD}{DB} \text{ et } \frac{AE}{AC} = \frac{5}{7} = \frac{AD}{AB}.$$

Remarque. — On aurait une démonstration toute pareille si la droite DE rencontrait les prolongements des côtés. Seulement les triangles tels que mnp et rst auraient leurs côtés deux à deux de sens contraires, et non de même sens.

141. Corollaire. — Des parallèles déterminent sur des droites qu'elles rencontrent des segments proportionnels.

Soient AA', BB', CC' trois parallèles (*fig.* 88), je mène par A une parallèle ADE à A'B'C', d'après le théorème précédent on a :

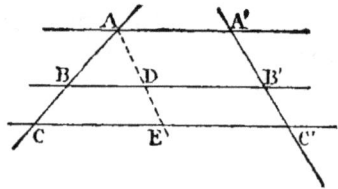

Fig. 88.

$$\frac{AB}{BC} = \frac{AD}{DE}.$$

Mais AD $= A'B'$ et DE $= B'C'$ comme parallèles comprises entre parallèles, donc,

$$\frac{AB}{BC} = \frac{A'B'}{B'C'}.$$

THÉORÈME X

142. — **Si une ligne divise les côtés d'un triangle dans le même rapport, elle est parallèle au troisième côté.**

Car supposons que (*fig.* 89)

$$\frac{AD}{DB} = \frac{AE}{EC}.$$

La parallèle menée de D à BC couperait AC intérieurement en un point E' tel que

$$\frac{AD}{DB} = \frac{AE'}{E'C};$$

on aurait donc :

$$\frac{AE}{EC} = \frac{AE'}{E'C},$$

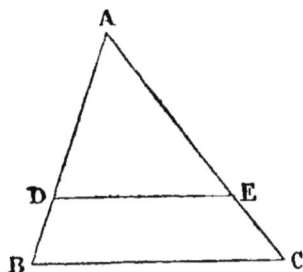

Fig. 89.

donc le point E' n'est autre que le point E.

Cas particulier : La droite qui joint les milieux de deux côtés d'un triangle est parallèle au troisième côté.

POLYGONES SEMBLABLES

143. Définitions. — On dit que deux polygones sont *semblables* si leurs éléments se correspondent de telle façon que les angles soient deux à deux égaux, et les côtés qui aboutissent à des sommets égaux étant deux à deux dans le même rapport; ces côtés sont dits *homologues*.

On dit d'une façon abrégée que deux polygones sont semblables lorsqu'ils ont leurs angles égaux deux à deux, et leurs côtés homologues proportionnels.

Le rapport de deux côtés homologues est ce qu'on appelle le *rapport de similitude*.

Le théorème suivant montre comment on peut construire des polygones semblables à un polygone donné.

THÉORÈME XI

144. — Une parallèle à un côté d'un triangle détermine un triangle semblable au premier (*fig.* 90).

Soit ABC un triangle et DE une parallèle à la base, ADE est semblable à ABC.

1° Ils ont l'angle A commun, et les angles D et E sont respectivement égaux aux angles B et C comme correspondants.

2° On a vu que

$$\frac{AD}{AB} = \frac{AE}{AC}.$$

Si on mène EC parallèle à AB, on a de même

$$\frac{AE}{AC} = \frac{BG}{BC},$$

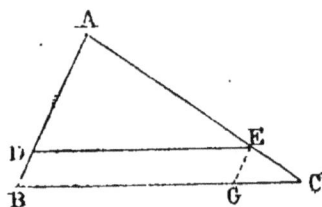

Fig. 90.

or, BG = DE comme côtés opposés d'un parallélogramme, donc,

$$\frac{AD}{AB} = \frac{AE}{AC} = \frac{DE}{BC}.$$

145. Corollaire. — Si on a un polygone ABCDE (*fig. 91*), on peut mener les diagonales qui partent de A, puis mener B'C' parallèle à BC, C'D' parallèle à CD, D'E' parallèle à DE. Les polygones ABCDE, AB'C'D'E' sont semblables.

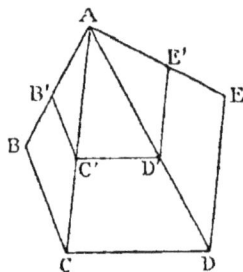

Fig. 91.

1° Ils ont l'angle A commun, et de plus,

B' = B; C' = C; D' = D; E' = E

comme correspondants.

2° Les triangles AB'C' et ABC étant semblables, on a :

$$\frac{AB'}{AB} = \frac{B'C'}{BC} = \frac{AC'}{AC};$$

les triangles AC'D', ACD sont aussi semblables, par suite,

$$\frac{AC'}{AC} = \frac{C'D'}{CD} = \frac{D'A}{DA},$$

donc,

$$\frac{AB'}{AB} = \frac{B'C'}{BC} = \frac{C'D'}{CD}.$$

On montre de même que les autres côtés sont proportionnels.

146. Remarque. — On obtient par les constructions précédentes des triangles ou des polygones semblables à un triangle ou à un polygone donné, le rapport de similitude étant quelconque. Car ce rapport est $\dfrac{AD}{AB}$ dans le cas du théorème, $\dfrac{AB'}{AB}$ dans celui du corollaire, et les points D ou B′ peuvent être pris arbitrairement.

THÉORÈME XII

147. — **Les médianes d'un triangle se coupent en un même point qui est au tiers de chacune d'elles à partir de son pied** (*fig.* 92).

Soient BB′, CC′ deux médianes, et G leur point d'intersection. B′C′ est parallèle à BC, donc AB′C′ est semblable à ABC,

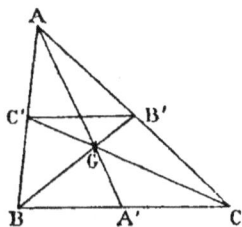

Fig. 92.

$$\frac{B'C'}{BC} = \frac{AB'}{AC} = \frac{1}{2};$$

de même, GB′C′ est semblable à GBC :

$$\frac{GB'}{GB} = \frac{GC'}{GC} = \frac{B'C'}{BC} = \frac{1}{2}.$$

Donc,
$$GC' = \frac{1}{2}GC,$$

$$CC' = GC + GC' = 3\,GC'.$$

Le point G est au tiers de CC′ à partir de la base ; le même raisonnement montrerait que AA′ coupe CC′ au tiers à partir de la base.

Théorème XIII

148. — Deux droites concourantes déterminent sur deux parallèles des segments proportionnels (*fig.* 93).

Soient OAA', OBB', OCC' trois droites concourantes, les triangles OA'B', OAB sont semblables, donc,

$$\frac{A'B'}{AB} = \frac{OB'}{OB}.$$

OB'C', OBC sont aussi semblables,

$$\frac{OB'}{OB} = \frac{B'C'}{BC},$$

donc,

$$\frac{A'B'}{AB} = \frac{B'C'}{BC}.$$

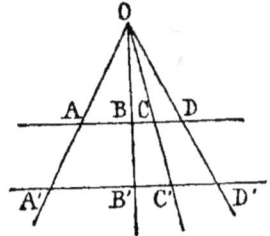

Fig. 93.

Exercices

1. — Les milieux des côtés d'un quadrilatère forment un parallélogramme dont les côtés sont parallèles aux diagonales de ce quadrilatère et égales à leurs moitiés.

2. — Étant donnés deux cercles, les droites qui joignent les extrémités de rayons parallèles divisent la ligne des centres en segments dans le même rapport que les rayons.

(Considérer le cas où les rayons sont de même sens et celui où ils sont de sens contraires.)

Déduire de là une solution de ce problème : mener une tangente commune à deux circonférences.

3. — Si on joint les trois sommets A, B, C d'un triangle à un point P intérieur et si on prolonge les droites ainsi obtenues jusqu'à leurs rencontres en A', B', C' avec les côtés opposés, on a :

$$\frac{PA'}{AA'} + \frac{PB'}{BB'} + \frac{PC'}{CC'} = 1.$$

Quelle serait la relation entre les trois fractions précédemment écrites, si le point P était extérieur au triangle ?

4. — Démontrer que le lieu des points, tels que le rapport de leurs distances à deux droites données soit constant, se com-

pose de deux droites qui passent par le point de concours des deux droites données.

5. — Etant donné un triangle, trouver un point tel que les triangles ayant ce point pour sommet, et ayant pour bases les côtés du triangle donné, soient égaux, ou plus généralement soient proportionnels à des nombres donnés.

6. — Un trapèze isocèle a pour bases 10 mètres et 4 mètres, les côtés non parallèles ont 6 mètres. Calculer les côtés des triangles formés par une base et les côtés non parallèles prolongés jusqu'à leur point d'intersection. Quel est le rapport des surfaces de ces triangles ?

CAS DE SIMILITUDE DES TRIANGLES

149. — Si deux triangles ABC, A'B'C' sont semblables, il existe entre leurs éléments les cinq relations :

$$A = A', \quad B = B', \quad C = C'$$

$$\frac{A'B'}{AB} = \frac{A'C'}{AC} = \frac{B'C'}{BC}.$$

Les théorèmes suivants montreront que deux de ces relations peuvent entraîner les trois autres : de même que l'égalité de deux triangles, qui s'exprime par six relations, résulte de trois d'entre elles.

Méthode de démonstration. — Pour démontrer que deux triangles sont semblables, il suffit de montrer qu'on peut trouver, parmi les triangles semblables à l'un d'eux, un triangle égal à l'autre.

THÉORÈME XIV (1ᵉʳ *cas de similitude*).

150. — Si deux triangles ont deux angles égaux chacun à chacun, ces triangles sont semblables.

Hypothèse :

$$A = A', \quad B = B' \; (fig. \; 94).$$

Je prends sur AB une longueur AD = A'B' et je mène DE parallèle à BC, le triangle ADE est semblable au triangle ABC ; et, en particulier, D = B.

Il est égal à A'B'C' en vertu du premier cas d'égalité, car on a :

$$A' = A, \qquad B' = B = D,$$
$$A'B' = AD.$$

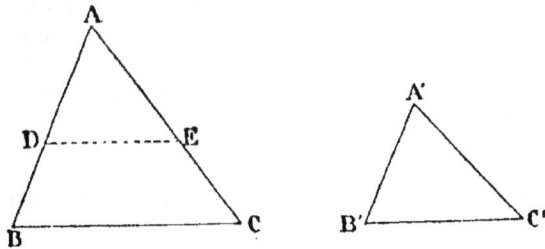

Fig. 94.

Donc, A'B'C' est égal à ADE, qui est semblable à ABC.

Théorème XV (2° *cas de similitude*).

151. — Si deux triangles ont un angle égal compris entre côtés proportionnels, ces triangles sont semblables.

Hypothèse : $A' = A$, $\dfrac{A'B'}{AB} = \dfrac{A'C'}{AC}$.

Je prends AD = A'B' et je mène DE parallèle à BC ; le triangle ADE est semblable au triangle ABC ; en particulier on a :

$$\frac{AD}{AB} = \frac{AE}{AC}.$$

Comme AD = A'B', en comparant cette proportion à celle qui a lieu par hypothèse, on voit que

$$AE = A'C'.$$

Les triangles ADE et A'B'C' sont égaux en vertu du deuxième cas d'égalité, car on a :

$$A = A'$$
$$AD = A'B' \qquad AE = A'C'.$$

Donc, A'B'C' est égal à un triangle semblable à ABC.

THÉORÈME XVI (3ᵉ *cas de similitude*).

**152. — Si deux triangles ont leurs côtés propor-
tionnels, ces triangles sont semblables.**

Hypothèse :

$$\frac{A'B'}{AB} = \frac{A'C'}{AC} = \frac{B'C'}{BC}.$$

Je prends AD = A'B', et je mène DE parallèle à BC ;
le triangle ADE est semblable à ABC ; en particulier, on a :

$$\frac{AD}{AB} = \frac{AE}{AC} = \frac{DE}{BC},$$

comme AD = A'B', on voit que le premier de ces rapports
est égal au premier des rapports dont il est question dans
l'hypothèse, on a donc :

$$\frac{A'C'}{AC} = \frac{AE}{AC} \qquad \frac{B'C'}{BC} = \frac{DE}{BC},$$

ou

$$A'C' = AE, \qquad B'C' = DE.$$

Les deux triangles A'B'C', ADE sont donc égaux en
vertu du troisième cas d'égalité. Or, ADE est semblable
à ABC, donc A'B'C' l'est aussi.

153. Remarque. — Les trois démonstrations précédentes peuvent se résumer ainsi :

1° Prendre AD = A'B', et mener DE parallèle à BC, ce
qui détermine un triangle ADE semblable à A'B'C'.

2° Démontrer que ADE est égal à A'B'C'. A chaque cas
de similitude correspond un cas d'égalité.

154. On a vu qu'il existait des cas spéciaux d'égalité
des triangles rectangles ; aux relations qui entraînent
l'égalité de deux triangles rectangles correspondent,
comme pour les triangles quelconques, des relations
entraînant la similitude.

Si deux triangles rectangles ont un angle aigu égal, ils
sont semblables d'après le premier cas de similitude.

Si deux triangles rectangles ont leurs hypoténuses dans le même rapport que deux côtés de l'angle droit, ces triangles sont semblables ; ce théorème ne résulte d'aucun des théorèmes généraux ; il se démontre par la même méthode (*fig.* 95).

Hypothèse :

$$B' = B = 1\ d, \quad \frac{A'B'}{AB} = \frac{A'C'}{AC}.$$

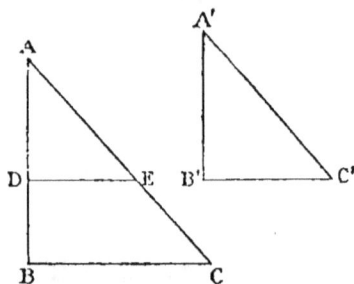

Fig. 95.

Je prends $AD = A'B'$, et je mène DE parallèle à AB ; le triangle ADE est semblable à ABC, et, en particulier, on a :

$$D = B = B' \qquad \frac{AD}{AB} = \frac{AE}{AC};$$

en comparant cette proportion à celle qui a lieu par hypothèse, on voit que $AE = A'C'$.

Donc, A'B'C' est égal à ADE, en vertu du deuxième cas d'égalité des triangles rectangles.

THÉORÈME XVII

155. — Si deux triangles ont leurs côtés deux à deux parallèles ou deux à deux perpendiculaires, ces triangles sont semblables.

On sait que deux angles qui ont leurs côtés parallèles ou perpendiculaires sont égaux ou supplémentaires, or il ne peut y avoir deux couples d'angles supplémentaires deux à deux ; car, si on avait

$$A + A' = 2^d$$
$$B + B' = 2^d,$$

on aurait

$$A + A' + B + B' = 4^d;$$

or, on sait que

$$A + B + C = 2^d, \quad A' + B' + C' = 2^d,$$

donc

$$A + B + A' + B' < 4^d.$$

Par suite, il faut qu'on ait au moins deux couples d'angles égaux deux à deux, ce qui montre que les triangles sont semblables comme réalisant les conditions du premier cas de similitude.

THÉORÈME XVIII

156. — Deux polygones semblables peuvent être décomposés en un même nombre de triangles semblables deux à deux et disposés de la même façon.

Soient ABCDE, A′B′C′D′E′ deux polygones semblables (*fig.* 96).
Hypothèse,

$$A = A', \ B = B', \ C = C', \ D = D', \ E = E', \ G = G',$$
$$\frac{A'B'}{AB} = \frac{B'C'}{BC} = \frac{C'D'}{CD} = \frac{D'E'}{DE} = \frac{E'C'}{EC} = \frac{G'A'}{GA}.$$

Je décompose les polygones en triangles, en menant

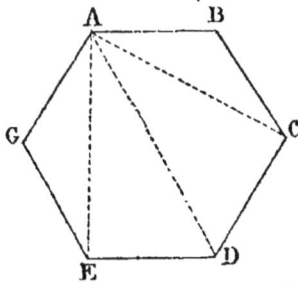

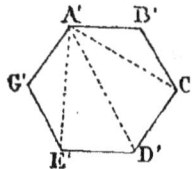

Fig. 96.

les diagonales qui partent de deux sommets homologues A, A′. Les triangles, ainsi formés, sont deux à deux semblables en vertu du deuxième cas de similitude.

En effet, dans les triangles ABC, A′B′C′, on a :

$$B' = B \quad \frac{A'B'}{AB} = \frac{B'C'}{BC};$$

on en conclut

$$\frac{A'B'}{AB} = \frac{B'C'}{BC} = \frac{A'C'}{AC}.$$

Par suite, dans les triangles ACD, A′C′D′, on a :

$$\frac{A'C'}{AC} = \frac{C'D'}{CD},$$

les rapports étant tous deux égaux à $\dfrac{B'C'}{BC}$. En outre, les angles ACD, A'C'D' sont égaux comme différences d'angles égaux deux à deux. Donc les triangles ACD, A'C'D' sont semblables ; on démontrerait que ADE, A'D'E' sont semblables comme on a démontré que ACD, A'C'D' l'étaient.

THÉORÈME XIX

.157. — **Si deux polygones sont composés d'un même nombre de triangles semblables deux à deux et disposés de la même façon, ces polygones sont semblables.**

Soient deux polygones ABCDEG, A'B'C'D'E'G' composés de triangles semblables et disposés de la même façon :

1° Les angles sont égaux, car ce sont des angles homologues de triangles semblables, comme cela a lieu pour B et B', par exemple, ou ce sont des sommes d'angles égaux pour cette raison, comme cela a lieu pour A et A'.

2° On a par hypothèse :

$$\frac{A'B'}{AB} = \frac{B'C'}{BC} = \frac{A'C'}{AC},$$

$$\frac{A'C'}{AC} = \frac{C'D'}{CD} = \frac{A'D'}{AD}\cdots$$

Chaque série de rapports a un rapport commun avec la suivante ; on en déduit donc

$$\frac{A'B'}{AB} = \frac{B'C'}{BC} = \frac{C'D'}{CD} = \cdots$$

THÉORÈME XX

158. — **Les périmètres de deux polygones semblables sont entre eux dans même rapport que deux côtés homologues.**

Soit m le rapport de similitude de deux polygones ABCDEG, A'B'C'D'E'G', on a :

$$A'B' = m \times AB,$$
$$B'C' = m \times BC,$$
$$C'D' = m \times CD;$$

donc

$$(A'B' + B'C' + C'D' + \ldots) = m\,(AB + BC + CD + \ldots)$$

ou

$$\frac{A'B' + B'C' + C'D' + \ldots}{AB + BC + CD + \ldots} = m = \frac{A'B'}{AB} = \frac{B'C'}{BC} = \ldots$$

Théorème XXI

159. — Le rapport des surfaces de deux polygones semblables est le carré du rapport de deux côtés homologues.

Considérons d'abord deux triangles ABC, A'B'C'. Si on mène les hauteurs AH, A'H', on a des triangles ABH, A'B'H' semblables comme ayant B = B' et H = H' = 1^d, donc

$$\frac{A'H'}{AH} = \frac{A'B'}{AB} = m = \frac{B'C'}{BC}.$$

La surface de ABC est $\frac{1}{2}$ BC $\times$ AH.

Celle de A'B'C' est $\frac{1}{2}$ B'C' $\times$ A'H'

ou

$$B'C' = BC \times m, \quad A'H' = AH \times m;$$

donc

$$A'B'C' = \frac{1}{2} \cdot BC \times m \times AH \times m = \frac{1}{2} BC \times AH \times m^2$$

$$= ABC \times m^2.$$

Si deux polygones semblables sont décomposés en triangles

$$T_1\, T_2 \ldots$$
$$T'_1\, T'_2 \ldots,$$

si m est le rapport de similitude, on a :

$$T'_1 = m^2\, T_1,\ T'_2 = m^2\, T_2, \ldots$$
$$T'_1 + T'_2 +, \ldots = m^2\, (T_1 + T_2 +, \ldots).$$

EXERCICES

1. — Si on joint deux à deux les milieux des côtés d'un triangle, on divise le triangle en quatre triangles semblables.

2. — Si dans deux triangles semblables ABC, A′B′C′ on mène les médianes qui partent des sommets homologues A et A′, on décompose les triangles en triangles semblables deux à deux.

3. — Si dans deux triangles semblables ABC, A′B′C′ on mène les bissectrices des angles homologues A et A′, on décompose les triangles en triangles semblables deux à deux.

4. — Si les hauteurs de deux triangles sont proportionnelles, ces triangles sont semblables ; le rapport de similitude est le même que le rapport des hauteurs.

5. — Si d'un point P, pris sur la base d'un triangle isocèle, on abaisse des perpendiculaires sur les deux côtés, ces perpendiculaires sont dans le même rapport que les segments déterminés par le point P sur la base.

RELATIONS MÉTRIQUES DÉDUITES DE LA SIMILITUDE

160. — On a vu que l'égalité des angles de deux triangles entraînait la proportionnalité des côtés de ces triangles. On peut déduire de là une méthode pour trouver des relations métriques ; la marche à suivre est celle-ci :

1° Reconnaître une similitude de triangles résultant de l'égalité des angles ;

2° Écrire que les côtés opposés aux angles égaux sont proportionnels. On obtient ainsi des égalités de rapports, ou des égalités de produits, si on remarque que dans une proportion le produit des extrêmes est égal au produit des moyens.

On obtient aussi des relations métriques en combinant les relations obtenues de cette façon.

161. — Il est commode, pour écrire les égalités de rapports, de marquer de la même façon, par exemple avec

des chiffres, les angles égaux. On écrit alors les côtés des triangles au-dessous des numéros d'ordre des angles opposés. Ainsi, si ABC, DEF sont deux triangles semblables (*fig.* 97),

A et D étant marqués du numéro **1**,

| B | E | — | — | **2**, |
| C | F | — | — | **3**, |

on écrira le tableau :

1	**2**	**3**
BC	AC	AB
EF	DF	ED.

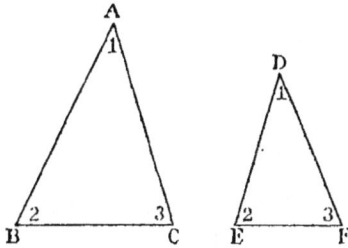
Fig. 97.

Les côtés écrits les uns au-dessus des autres sont homologues et on a les égalités de rapports :

$$\frac{BC}{EF} = \frac{AC}{DF} = \frac{AB}{ED}.$$

162. Définition. — On appelle *projection* d'un point A sur une droite, le pied A′ de la perpendiculaire abaissée du point sur la droite.

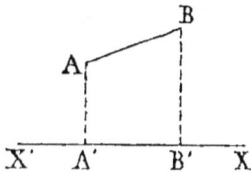
Fig. 98.

On appelle projection d'un segment AB sur une droite le segment compris entre les projections A′, B′ des extrémités du premier (*fig.* 98).

THÉORÈME XXII

163. — **La hauteur d'un triangle rectangle est moyenne proportionnelle entre les deux segments qu'elle détermine sur l'hypoténuse (ou entre les projections des côtés sur l'hypoténuse).**

Soit ABC un triangle rectangle en A (*fig.* 99), soit AD la hauteur. Les triangles ABD, ACD sont semblables, car : 1° les angles en D sont égaux comme droits ; 2° les angles marqués 1 sont égaux comme ayant leurs côtés perpendiculaires, ou comme étant tous deux complémentaires de BDA. Par suite, les angles marqués 2 sont égaux; on pourrait, d'ailleurs, établir directement cette égalité comme celle des angles 1; on a donc :

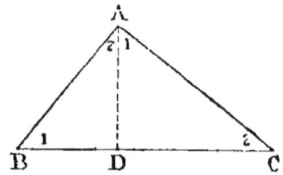

Fig. 99.

$$\overset{1}{\frac{AD}{DC}} = \overset{2}{\frac{BD}{AD}}$$

ou
$$\overline{AD}^2 = BD \times DC.$$

164. Corollaire. — Si on mène le diamètre perpendiculaire à une corde d'un cercle, la moitié de cette corde est moyenne proportionnelle entre les deux segments du diamètre (*fig.* 100).

Car le diamètre est l'hypoténuse d'un triangle rectangle, dont la demi-corde serait la hauteur (**102**).

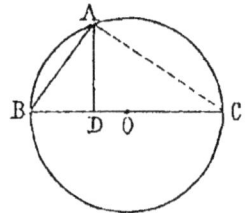

Fig. 100.

THÉORÈME XXIII

165. — **Un côté de l'angle droit d'un triangle rectangle est moyenne proportionnelle entre l'hypoténuse entière et sa projection sur l'hypoténuse.**

Le triangle ABD est semblable au triangle ABC, puisqu'ils ont les angles ADB et BAC égaux comme droits et l'angle B commun. On a donc :

$$\frac{AB}{BC} = \frac{BD}{AB}$$

ou
$$\overline{AB}^2 = BD \times BC.$$

166. Corollaire. — Une corde d'un cercle est moyenne proportionnelle entre le diamètre et sa projection sur le diamètre qui passe par une de ses extrémités.

Car si AB est une corde d'un cercle, BC un diamètre, le triangle ABC est rectangle en A.

Théorème de Pythagore XXIV

167. — Le carré de l'hypoténuse d'un triangle rectangle est équivalent à la somme des carrés des deux côtés de l'angle droit.

Car il résulte du théorème précédent que l'on a :

$$\overline{AC}^2 = BC \times DC,$$
$$\overline{AB}^2 = BC \times BD$$

en ajoutant terme à terme, on a :

$$\overline{AB}^2 + \overline{AC}^2 = BC\,(BD + DC) = \overline{BC}^2.$$

168. Remarque. — Les théorèmes précédents correspondent à des équivalences de surfaces. Si on construit des carrés sur les trois côtés d'un triangle rectangle, le carré construit sur l'hypoténuse est divisé par le prolongement de la hauteur en deux rectangles, respectivement équivalents aux deux carrés construits sur AB et AC.

169. Remarque. — La propriété exprimée par le théorème de Pythagore n'appartient qu'au triangle rectangle. Soit ABC un triangle, si je construis un triangle A'B'C' tel que

$$A'B' = AB, \ A'C' = AC, \ A' = 1^d,$$

j'aurai

$$\overline{A'B'}^2 + \overline{A'C'}^2 = \overline{B'C'}^2. \qquad (1)$$

Si dans le triangle ABC, on a :

$$\overline{AB}^2 + \overline{AC}^2 > \overline{BC}^2, \qquad (2)$$

on aurait

$$\overline{B'C'}^2 > \overline{BC}^2,$$

puisque $\overline{AB}^2 + \overline{AC}^2 = \overline{A'B'}^2 + \overline{A'C'}^2$, et comme les triangles ABC, A'B'C' ont deux côtés égaux, les angles compris sont dans le même ordre de grandeur que les côtés opposés, on aurait donc

$$A < A' = 1^d;$$

on trouverait de même que si

$$\overline{AB}^2 + \overline{AC}^2 < \overline{BC}^2,$$

on aurait

$$A > A' = 1^d.$$

Donc l'angle A est inférieur à 1 droit, si

$$\overline{AB}^2 + \overline{AC}^2 > \overline{BC}^2,$$

il est supérieur à 1 droit si

$$\overline{AB}^2 + \overline{AC}^2 < \overline{BC}^2;$$

par suite, il ne peut être que droit si

$$\overline{AB}^2 + \overline{AC}^2 = \overline{BC}^2.$$

On a ainsi un moyen de constater, connaissant les trois côtés d'un triangle, si le plus grand angle est aigu, obtus ou droit.

170. Remarque. — Les théorèmes précédents permettent de calculer les éléments d'un triangle rectangle lorsqu'on connaît deux d'entre eux. Il suffit d'écrire les relations qui existent entre les éléments et de remplacer les éléments connus par leur valeur. Par exemple, si les côtés de l'angle droit AB et AC sont égaux à 3 mètres et à 4 mètres, on a :

$$\overline{AB}^2 + \overline{AC}^2 = \overline{BC}^2 \text{ ou } 9 + 16 = \overline{BC}^2, \text{ donc BC} = 5;$$

$$\overline{AB}^2 = BC \times BD \text{ ou } 9 = 5 \times BD, \text{ donc BD} = \frac{9}{5} = 1,8;$$

$$AB \times AC = BC \times AD \text{ ou } 3 \times 4 = 5 \times AD,$$

$$\text{donc AD} = \frac{12}{5} = 2,4.$$

Dans beaucoup de figures, une longueur se trouve être

un élément d'un triangle rectangle connu. Par exemple :

La hauteur d'un triangle isocèle est un côté de l'angle droit d'un triangle rectangle, dont le deuxième côté est la moitié de la base, et l'un des côtés égaux l'hypoténuse Ceci permet de calculer la hauteur d'un triangle isocèle, dont on connaît les côtés, en particulier, la distance d'une corde au centre dans un cercle.

La longueur d'une tangente menée d'un point à un cercle est un côté de l'angle droit d'un triangle rectangle dont l'autre côté est le rayon, et dont l'hypoténuse est la distance du point au centre. La corde de contact est double de la hauteur de ce triangle.

Application. — Calculer la hauteur d'un triangle équilatéral de côté a. On a :

$$\overline{AD}^2 = \overline{AB}^2 - \overline{BD}^2 = a^2 - \frac{a^2}{4} = \frac{3\,a^2}{4},$$

$$AD = \frac{a\sqrt{3}}{2}.$$

Théorème XXV

171. — **Le produit des segments déterminés par un cercle sur une sécante qui passe par un point fixe est indépendant de la direction de cette sécante.**

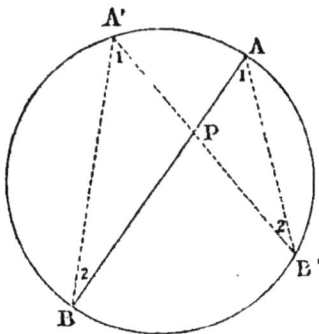

Fig. 101.

1° Soit P un point intérieur à un cercle, il s'agit de montrer que si on mène deux droites AB, A'B', on a (*fig.* 101) :

$$PA \times PB = PA' \times PB'.$$

Si on joint AB' et BA', les triangles PAB', PBA' ont les angles A et A', marqués 1, égaux comme ayant pour mesure $\frac{1}{2}$ BB', de même les angles B et B' sont égaux ayant pour mesure $\frac{1}{2}$ AA′; donc les triangles sont semblables, et on a :

$$\frac{PB′}{PB} = \frac{PA′}{PA},$$

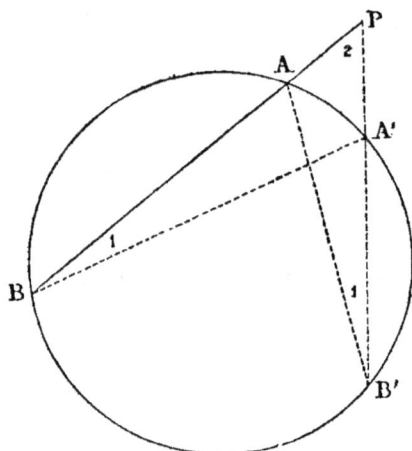

ou

$$PA \times PB = PA′ \times PB′.$$

2° Soit P extérieur au cercle (*fig.* 102), les triangles PAB′ et PBA′ ont l'angle en P commun, les angles en B et B′ égaux comme précédemment, les triangles sont donc semblables, et on a encore

Fig. 102.

$$\frac{PB′}{PB} = \frac{PA}{PA′}.$$

Si en particulier une sécante devient tangente, les deux segments déterminés par le cercle sur cette droite deviennent égaux et la tangente est moyenne proportionnelle entre les deux segments déterminés sur une sécante (*fig.* 103).

D'ailleurs, cette proposition peut se démontrer directement; si PBC est une sécante, PA une tangente, les triangles PAB, PAC ont l'angle P commun et les angles marqués 2 en A et C sont égaux comme ayant tous deux pour mesure 1/2 AB. Alors les triangles sont semblables, et on a :

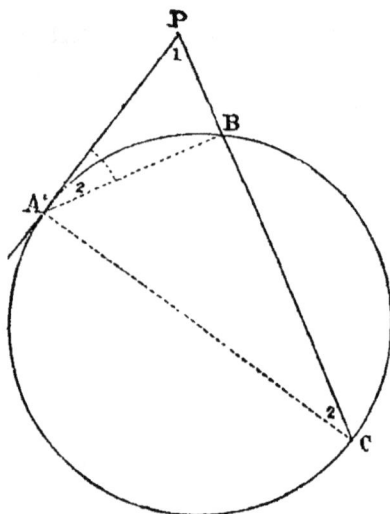

Fig. 103.

$$\frac{PC}{PA} = \frac{PA}{PB}$$

ou

$$\overline{PA}^2 = PB \times PC.$$

CONSTRUCTIONS DE LONGUEURS

PROBLÈME I

172. — Diviser une droite donnée en parties égales.

Soit AB la droite donnée (*fig.* 104), supposons qu'on veuille la diviser en cinq parties égales ; je mène par le point A une droite quel-conque AC, et je porte, à partir de A, cinq longueurs arbitraires, mais égales, je détermine ainsi des points *p*, *q*, *r*, *s*, C.

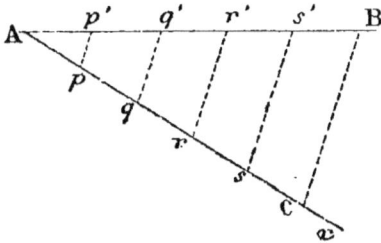

Fig. 104.

Je joins BC et, par les points de divisions, je mène des parallèles à BC.

La droite AB est divisée en parties égales en même temps que la droite AC (**140**).

PROBLÈME II

173. — Diviser une droite en parties proportion-nelles à des longueurs données, ou à des nombres donnés (*fig.* 105).

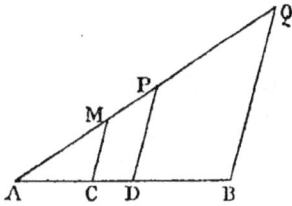

Fig. 105.

Supposons qu'on donne des longueurs *m*, *p*, *q*. Sur une droite passant par A, je porte AM = *m*, MP = *p*, PQ = *q*. Je joins BQ, et, par M et P, je mène des parallèles à BQ. On a (**141**) :

$$\frac{AC}{AM} = \frac{CD}{MP} = \frac{DB}{PQ},$$

c'est-à-dire

$$\frac{AC}{m} = \frac{CD}{p} = \frac{DB}{q}.$$

Si on donnait des nombres, il faudrait prendre des longueurs qui seraient mesurées par ces nombres au moyen d'une unité arbitrairement choisie.

Remarque. — Le problème précédent revient à construire des longueurs x, y, z, vérifiant les égalités,

$$\frac{x}{m} = \frac{y}{p} = \frac{z}{q},$$

$$x + y + z = AB.$$

PROBLÈME III

174. — **Construire la quatrième proportionnelle à trois longueurs** a, b, c.

La *quatrième proportionnelle* à trois quantités est le le quatrième terme d'une proportion, dont les quantités données seraient les trois premiers.

La longueur inconnue x doit donc vérifier la relation

$$\frac{a}{b} = \frac{c}{x}$$

ou la relation équivalente

$$x = \frac{bc}{a}.$$

On sait qu'une parallèle à un côté d'un triangle divise les côtés qu'elle rencontre en parties proportionnelles. Il suffit donc de porter sur deux droites OX, OY les longueurs a, b, c (*fig.* 106), en prenant

$$OA = a, \quad OB = b \quad \text{sur OX}$$

$$OC = c \qquad\qquad \text{sur OY.}$$

5.

Si on joint AC et si on mène par B la parallèle à AC, on détermine sur OY un point D, et on a :

$$\frac{OA}{OB} = \frac{OC}{OD},$$

donc OD est la longueur cherchée.

Remarque. — Il arrive quelquefois que les longueurs b et c sont égales, on a alors :

$$\frac{a}{b} = \frac{b}{x}$$

ou

$$x = \frac{b^2}{a}.$$

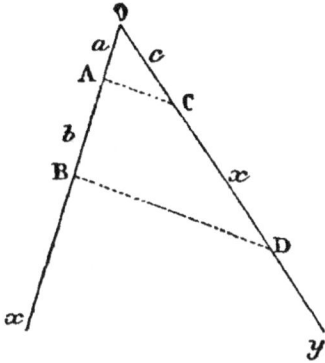

Fig. 106.

C'est ce cas particulier qu'on appelle problème de la troisième proportionnelle. On est conduit à ce problème lorsqu'on veut construire un côté d'un rectangle, sachant que l'autre côté est a et que la surface est équivalente à celle d'un carré de côté b.

PROBLÈME IV

175. — Construire une moyenne proportionnelle entre deux longueurs données a et b.

Première solution. — La longueur cherchée x vérifie la relation $\frac{a}{x} = \frac{x}{b}$ ou la relation équivalente $x^2 = ab$.

On sait que (**163**) dans un triangle rectangle la hauteur est moyenne proportionnelle entre les deux segments qu'elle détermine sur l'hypoténuse ; le problème revient donc à construire un triangle rectangle, connaissant ces deux segments (*fig.* 107).

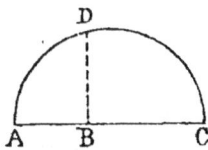

Fig. 107.

Si on prend AB $= a$, BC $= b$, AB sera l'hypoténuse du triangle ; le sommet sera donc sur le cercle de diamètre AC ; le pied de la hauteur étant B, le sommet sera sur la perpendiculaire élevée en B sur AC.

Deuxième solution. — On peut se servir du théorème sur la tangente au cercle. On prend AB = a, AC = b ; par B et C, on fait passer un cercle et on mène la tangente AD. On a (171) (*fig.* 108) :

$$\overline{AD}^2 = AB \cdot AC.$$

Remarque. — On est conduit au problème précédent lorsqu'on veut continuer le côté du carré équivalent à un rectangle de côtés a, b.

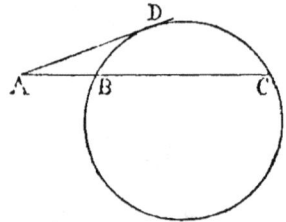

Fig. 108.

176. Remarque. — Si on donnait les nombres qui mesurent les lignes supposées connues dans les problèmes précédents, les lignes inconnues s'obtiendraient par un calcul n'exigeant que des multiplications, des divisions ou des extractions de racines carrées. D'une façon générale, toutes les fois qu'une longueur peut être calculée au moyen des opérations dites élémentaires (addition, soustraction, multiplication, division, extraction de racine carrée), cette longueur peut être construite géométriquement au moyen de la règle et du compas ; et inversement, si une longueur peut être construite par la règle et le compas, le calcul de sa valeur numérique, lorsqu'on connaît les valeurs numériques des lignes données, n'exige que les opérations élémentaires.

Nous ne pouvons démontrer ici ces propositions d'une façon complète ; mais il est bon de signaler cette équivalence entre les opérations du calcul et celles des constructions géométriques ; d'autant plus que cette équivalence remarquée par Descartes, précisément à l'occasion des problèmes précédents, l'a conduit à créer la géométrie analytique, et cette création de Descartes est le point de départ de la plupart des progrès que les mathématiques ont faits depuis.

Exercices

1. — Démontrer que, en joignant les milieux des côtés d'un triangle, on décompose celui-ci en quatre triangles égaux entre eux et semblables au triangle donné.

2. — Démontrer que le produit de deux côtés d'un triangle est égal au produit de la hauteur qui part du sommet commun par le diamètre du cercle circonscrit. En déduire que le produit des trois côtés d'un triangle équivaut à 4 fois le produit du rayon de ce cercle par la surface.

3. — Démontrer que le produit de deux côtés d'un triangle est égal au carré de la bissectrice intérieure plus le produit des segments déterminés sur le côté opposé.

4. — Démontrer que, dans un quadrilatère inscriptible, le produit des diagonales est égal à la somme des produits des côtés opposés (th. de Ptolémée). En déduire le moyen de calculer une corde d'un cercle, connaissant les cordes qui sous-tendent deux arcs dont la somme ou la différence est égale à l'arc sous-tendu par la première corde.

5. — Démontrer que, si par un point pris à l'intérieur d'un cercle on mène deux cordes rectangulaires, la somme des carrés des quatre segments que le point détermine sur les cordes est égale au carré du diamètre.

6. — Démontrer que, si AA′ est une hauteur du triangle ABC, et H, le point de concours des hauteurs, on a :

$$AA' \times A'H = A'B \times A'C.$$

7. — Démontrer que, si BB′, CC′ sont deux hauteurs d'un triangle ABC, on a :

$$AB' \times AC = AC' \times AB;$$

en déduire que les triangles AB′C′ et ABC sont semblables.

8. — Dans un triangle ABC rectangle en D, dont AD est la hauteur, on donne :

$$BD = 18^{cm} \quad DC = 32^{cm}$$

Calculer la hauteur et les côtés de l'angle droit.

9. — Dans un triangle rectangle ABC un côté de l'angle droit AB est égal à 15 mètres, sa projection BD sur l'hypoténuse est égale à 9 mètres. Calculer l'hypoténuse, la hauteur et le côté AC.

10. — Dans un triangle rectangle ABC un côté AB a 13^{cm}, la hauteur AD en a 12. Calculer les segments de l'hypoténuse et le côté AC.

11. — Dans un triangle rectangle ABC, l'hypoténuse BC

a 60^{cm}, le côté AB a 48^{cm}. Calculer le côté AC, la hauteur et les segments qu'elle détermine sur l'hypoténuse.

12. — Dans un cercle une corde a 48^{cm}, la distance du milieu de l'arc sous-tendu à cette corde est 18^{cm}. Calculer le rayon du cercle.

13. — Calculer les hauteurs d'un triangle isocèle dont la base a 36 mètres, et les côtés égaux chacun 30 mètres. Calculer le rayon du cercle circonscrit à ce triangle.

14. — Dans un cercle de 10^{cm} de rayon on mène une corde à 6^{cm} du centre, on demande de calculer :

1° La longueur de la corde ;

2° La longueur des tangentes menées aux extrémités de cette corde ;

3° La distance du point de rencontre des tangentes au centre.

LIVRE IV

LES POLYGONES RÉGULIERS

ET LA MESURE DE LA CIRCONFÉRENCE

POLYGONES RÉGULIERS

177. Définition. — On appelle polygone régulier tout polygone qui a tous ses angles égaux et tous ses côtés égaux.

Exemples : le triangle équilatéral, le carré.

Remarque. — Pour le triangle, l'égalité des angles entraîne celle des côtés, et inversement; il n'en est pas de même pour le quadrilatère, car un rectangle ou un losange ne sont pas des polygones réguliers.

THÉORÈME I

178. — **Si une circonférence est divisée en parties égales, les cordes qui joignent les points de division consécutifs forment un polygone régulier.**

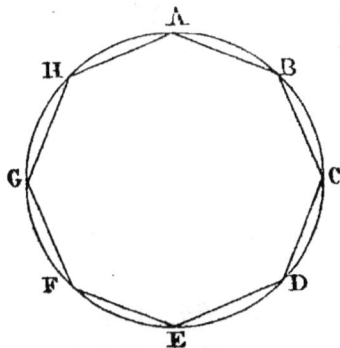

En effet, soit ABCDEFGH un polygone ainsi obtenu (*fig.* 109) :

1° Les côtés sont égaux comme sous-tendant des arcs égaux (99);

2° Les angles sont égaux comme ayant même mesure.

Fig. 109.

110

Remarque. — Il résulte de ce théorème qu'il existe des polygones réguliers d'un nombre quelconque de côtés (le nombre étant au moins égal à 3), car on peut toujours concevoir qu'une circonférence soit divisée en un nombre quelconque de parties égales.

THÉORÈME II

179. — Si une circonférence est divisée en parties égales, les tangentes menées aux points de division consécutifs forment un polygone régulier (*fig.* 110).

Soient ABCDEF les points de division, A'B'C'D'E'F' les sommets du polygone circonscrit, les triangles AOB', BOB' sont égaux comme triangles rectangles, ayant l'hypoténuse OB' commune et OA = OB, donc

$$AOB' = BOB' = \frac{1}{2} \text{ angle au centre;}$$

tous les triangles rectangles formés par les rayons et les droites qui vont aux sommets voisins du polygone circonscrit étant égaux, le polygone circonscrit est inscriptible dans un cercle de centre O, de rayon OA'. Les angles au centre A'OB', B'OC', etc., étant égaux, cette circonférence est divisée en parties égales et le polygone est régulier.

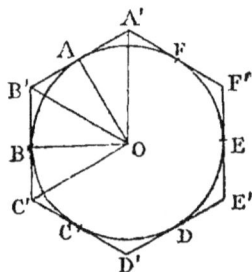

Fig. 110.

THÉORÈME III

180. — Tout polygone régulier peut être inscrit à un cercle et circonscrit à un autre.

Soit ABCDEFG un polygone régulier (*fig.* 111), les bissectrices des angles A et B se coupent en un point O; le triangle OAB est isocèle, puisque les angles en A et B sont les moitiés de deux angles égaux.

Si on appelle a la valeur d'un angle d'un polygone,

$$OAB = OBA = \frac{a}{2}.$$

Je joins OC. Les triangles OAB, OBC ont les angles en B égaux, car

$$OBA = \frac{a}{2},$$

et $\qquad OBC = ABC - OBA = a - \frac{a}{2} = \frac{a}{2} ;$

de plus, OB est un côté commun et $AB = BC$ comme côtés de polygones réguliers. Donc les triangles OAB, OBC sont égaux, et, comme OAB est isocèle, on a aussi :

$$OB = OC, \quad OCB = OBC = \frac{a}{2}.$$

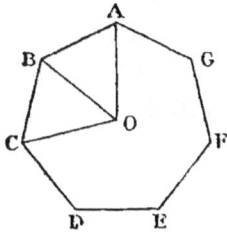

Fig. 111.

On démontrerait de même que les triangles ayant pour sommet le point O et pour bases les différents côtés sont des triangles isocèles égaux. Donc :

1° Le point O est également distant de tous les sommets ;

2° Il est également distant de tous les côtés.

181. **Remarque.** — Le point O, étant le centre du cercle circonscrit et le centre du cercle inscrit au polygone, est ce qu'on appelle le *centre* du polygone.

Le rayon du cercle circonscrit est ce qu'on appelle le *rayon du polygone*.

Le rayon du cercle inscrit est ce qu'on appelle l'*apothème*.

L'angle au centre formé par les rayons qui vont à deux sommets consécutifs est l'*angle au centre du polygone*.

La propriété d'être décomposable en triangles isocèles égaux ayant pour bases les différents côtés et ayant le sommet commun est une propriété essentielle et caractéristique des polygones réguliers.

Théorème IV

182. — Les polygones réguliers d'un même nombre de côtés sont semblables.

En effet, si un polygone régulier a n côtés, la somme de ses angles étant

$$2n - 4 \text{ droits,}$$

chaque angle a pour valeur :

$$\frac{2n - 4}{n} = 2 - \frac{4}{n}.$$

Donc, dans deux polygones réguliers d'un même nombre de côtés les angles sont tous égaux entre eux.

Les côtés de chacun des polygones ayant tous la même longueur, le rapport de deux côtés a une valeur déterminée, quels que soient les côtés considérés.

Deux côtés quelconques des deux polygones peuvent être considérés comme homologues.

183. Remarques. — 1° Le rapport de similitude est égal au rapport des rayons et à celui des apothèmes. En effet, si OAB, O'A'B' sont deux des triangles isocèles dans lesquels on peut décomposer les polygones, ces triangles ayant pour angle au sommet $\frac{4}{n}$ de droit sont semblables, et on a (*fig.* 112) :

$$\frac{A'B'}{AB} = \frac{O'A'}{OA} = \frac{O'C'}{OC}.$$

2° On peut dire que le rapport du côté d'un polygone régulier au rayon correspondant ne dépend que du nombre des côtés de ce polygone; car on peut écrire la proportion

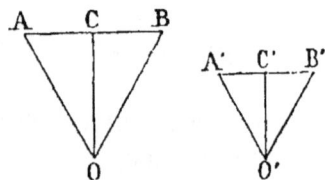

Fig. 112.

$$\frac{A'B'}{AB} = \frac{O'A'}{OA}$$

de la façon suivante, en échangeant les termes moyens,

$$\frac{A'B'}{O'A'} = \frac{AB}{OA}.$$

Problème I

184. — Inscrire un carré dans un cercle.

Le problème revenant à la division de la circonférence
en quatre parties égales, si
on mène deux diamètres perpendiculaires, on forme quatre
angles au centre égaux, et,
par suite, les quatre points
déterminés sur le cercle sont
les sommets d'un carré (*fig.*
113).

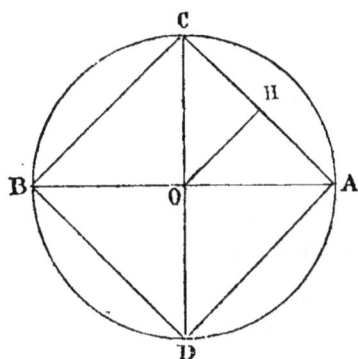

185. **Corollaire.** — Dans
le triangle rectangle AOC,
on a :

Fig. 113.

$$\overline{AC}^2 = \overline{OA}^2 + \overline{OC}^2 = 2R^2$$

ou

$$AC = R\sqrt{2}.$$

L'apothème OH étant parallèle à BC et passant par le
milieu de AB est égale à la moitié du côté, donc

$$OH = R\frac{\sqrt{2}}{2}.$$

Problème II

**186. — Inscrire un hexagone régulier dans un
cercle.**

Supposons le problème résolu (*fig.* 114). Dans le
triangle OAB, l'angle en O est $\frac{1}{6}$ de quatre droits ou 60°.

Les deux angles à la base ont pour somme :

$$180° — 60° = 120° ;$$

comme ils sont égaux, chacun d'eux est égal à 60°.

Donc OAB ayant ses angles égaux est équilatéral, et le côté AB est égal au rayon. Autrement dit, pour obtenir un arc égal à $\frac{1}{6}$ de circonférence, il suffit de prendre un arc dont la corde soit égale au rayon.

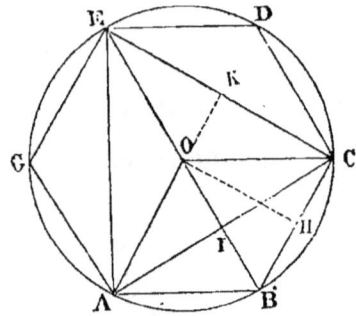

Fig. 114.

187. Corollaire. — En joignant les sommets de deux en deux, on obtient le triangle équilatéral inscrit. En appliquant le théorème de Pythagore au triangle BCE, on trouve :

$$\overline{CE}^2 = \overline{BE}^2 — \overline{BC}^2 = 4R^2 — R^2 = 3R^2,$$

donc

$$CE = R\sqrt{3}.$$

Si OH est l'apothème de l'hexagone correspondant au côté BC et OK l'apothème du triangle correspondant au côté EC, on a :

$$OH = \frac{1}{2} EC = R \frac{\sqrt{3}}{2},$$

$$OK = \frac{1}{2} BC = \frac{R}{2},$$

puisque OH et OK sont parallèles à EC et BC, et passent par le milieu de BE.

PROBLÈME III

188. — Un polygone régulier de n côtés étant inscrit dans un cercle, inscrire dans le même cercle un polygone régulier de $2n$ côtés.

Pour effectuer la construction, il suffit de diviser en

deux parties égales les arcs sous-tendus par les côtés du premier polygone.

On peut calculer le côté du polygone de $2n$ côtés. Le problème est un cas particulier de celui-ci. Étant donnée une corde d'un cercle, calculer la corde qui sous-tend la moitié de l'arc sous-tendu par la première corde.

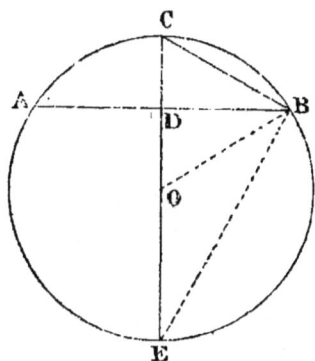

Fig. 115.

Soit **AB** la corde donnée (*fig.* 115), CE le diamètre perpendiculaire qui la coupe en D. Le triangle CBE est un triangle rectangle dans lequel on connaît l'hypoténuse CE, et la hauteur DB, qui est la moitié de AB. Il s'agit de calculer un des côtés de l'angle droit CB. On sait que CB est moyenne proportionnelle entre CE et CD,

$$\overline{CB}^2 = 2R \times CD,$$
$$\overline{CB}^2 = 2R (R - OD),$$

d'autre part,

$$\overline{OD}^2 = R^2 - \overline{AD}^2 = R^2 - \frac{a^2}{4},$$

si on désigne AB par a. De sorte que, finalement, on a :

$$\overline{CB}^2 = 2R^2 - 2R \sqrt{R^2 - \frac{a^2}{4}} = 2R^2 - R \sqrt{4R^2 - a^2}.$$

Par exemple, pour avoir le côté de l'octogone, il suffit de remarquer que le côté du carré a pour valeur $a = R\sqrt{2}$; on a donc :

$$\text{côté de l'octogone} = \sqrt{2 - \sqrt{2}} \times R.$$

189. Remarque. — Si on calcule BE, on a :

$$\overline{BE}^2 = 2R \times ED,$$
$$\overline{BE}^2 = 2R \times (R + OD),$$

$$\overline{BE}^2 = 2R^2 + 2R\sqrt{4R^2 - a^2} \; ;$$

BE est le double de l'apothème de la corde BC.

Ainsi, l'apothème de l'octogone est :

$$\frac{1}{2}\sqrt{2 + \sqrt{2}} \times R.$$

Problème IV

190. — **Un polygone régulier de n côtés étant inscrit dans un cercle, circonscrire au cercle un polygone régulier de n côtés.**

Il suffit de mener les tangentes aux sommets du polygone inscrit, ou les tangentes parallèles aux différents côtés (*fig.* 116); car les points de contact de ces tangentes divisent la circonférence en n parties égales.

Pour avoir le côté a' du polygone circonscrit, il suffit de remarquer que le rapport de similitude de deux polygones réguliers de n côtés est égal au rapport des apothèmes. Or, le polygone circonscrit a pour apothème le rayon R du cercle donné ; le polygone inscrit, ayant pour côté a, a pour apothème :

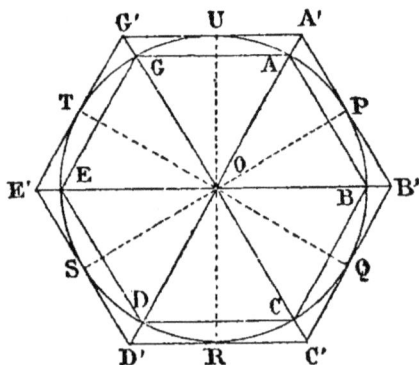
Fig. 116.

$$\sqrt{R^2 - \frac{a^2}{4}} = \frac{1}{2}\sqrt{4R^2 - a^2} \; ;$$

on a donc

$$\frac{a'}{a} = \frac{2R}{\sqrt{4R^2 - a^2}}.$$

191. Remarque. — Il résulte de ce qui précède, que, lorsqu'on connaît la longueur du côté d'un polygone

régulier inscrit dans un cercle, on peut avoir celle des
polygones dont le nombre des côtés est double, qua-
druple, etc. ; par conséquent, on peut calculer les côtés
de polygones dont le nombre des côtés est aussi grand
qu'on veut.

De même pour les polygones circonscrits.

Les formules indiquées plus haut, pour passer du polygone inscrit de n côtés au polygone inscrit de $2n$ côtés,
sont peu pratiques, si on veut s'en servir pour calculer
les côtés de polygones dont le nombre des côtés est très
grand. On peut les transformer en d'autres d'emploi
plus commode ; mais il suffit d'avoir montré la possibi-
lité d'effectuer ces calculs, sans insister ici sur les détails
d'application pratique.

THÉORÈME V

**192. — La surface d'un polygone régulier se me-
sure par la moitié du produit de son périmètre par
l'apothème.**

En effet, le polygone est circonscrit à un cercle qui
aurait l'apothème pour rayon.

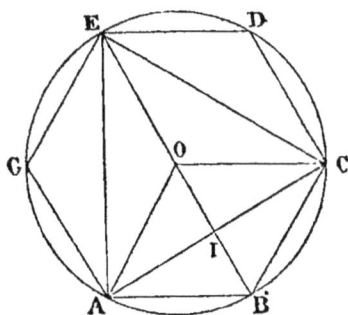

Fig. 117.

193. **Remarque.** — Dans
le cas où le polygone a un
nombre pair de côtés, on
peut donner une autre expression, très commode en pratique. Si le polygone a $2n$
côtés, on peut le décomposer
en n quadrilatères tels que
OABC (*fig.* 117), chacun d'eux
a pour surface $\frac{1}{2}\,\mathrm{OB} \times \mathrm{AC}$.

Si on appelle a_n le côté du polygone de n côtés, la
surface S_{2n} du polygone de $2n$ côtés est donnée par

$$S_{\overline{2n}} = n\,\frac{1}{2}\,\mathrm{R} \times a_n.$$

Pour l'octogone, on a :

$$S_8 = 4\frac{1}{2} \cdot R \times R\sqrt{2} = 2R^2\sqrt{2}.$$

Pour l'hexagone :

$$S_6 = 3\frac{1}{2}R \cdot R\sqrt{3} = \frac{3R^2\sqrt{3}}{2}.$$

Pour le dodécagone :

$$S_{12} = 6\frac{1}{2}R \cdot R = 3R^2.$$

Cette dernière façon d'évaluer la surface d'un polygone n'exige pas que l'on connaisse ou que l'on calcule le côté de l'apothème de ce polygone ; ce qui serait nécessaire pour employer la première formule.

EXERCICES

1. — Démontrer que, si un polygone inscrit dans un cercle a tous ses côtés égaux, ce polygone est régulier.

2. — Démontrer que, si un polygone circonscrit à un cercle a tous ses angles égaux, ce polygone est régulier.

3. — Calculer le côté du polygone régulier de 12 côtés circonscrit à un cercle de rayon R. Surface de ce polygone.

4. — Calculer le rayon du cercle circonscrit à un octogone régulier dont le côté est a. Application $a = 1^m,20$.
Calculer la surface de cet octogone.

5. — Démontrer que, si on prolonge trois côtés d'un hexagone régulier, tels que deux de ces côtés n'aient pas de sommet commun, on obtient un triangle équilatéral.

6. — Démontrer que, si on divise en trois parties égales les côtés d'un triangle équilatéral, les six points de division sont les sommets d'un hexagone régulier.

MESURE DE LA CIRCONFÉRENCE

194. — On ne peut pas faire coïncider un segment de la ligne droite avec un arc de cercle, on ne peut donc pas mesurer la longueur d'une circonférence en la comparant à une unité de longueur rectiligne. Mais on parvient à

déterminer la longueur d'une circonférence en faisant les remarques suivantes :

1° Tout polygone convexe inscrit dans une circonférence a un périmètre inférieur à la longueur de la circonférence ; et tout polygone circonscrit a un périmètre supérieur. On peut ainsi obtenir des valeurs approchées par défaut et par excès de la longueur d'une circonférence, dès qu'on connaît des périmètres de polygones inscrits et circonscrits.

Par exemple, l'hexagone inscrit dans un cercle de rayon R a pour périmètre 6R, et le carré circonscrit a pour périmètre 8R. Donc, la longueur de la circonférence est comprise entre 6R et 8R.

2° L'approximation est illimitée, c'est-à-dire qu'on pourra trouver des polygones inscrits et circonscrits, dont les périmètres diffèrent aussi peu qu'on voudra. Ainsi, en calculant les périmètres des polygones inscrits (188) et circonscrits (190) dans un cercle dont le diamètre serait de 1 mètre, on trouverait :

Nombre des côtés.	Polygone inscrit.	Polygone circonscrit.
4	2,828 42	4,000 00
8	3,061 46	3,313 71
16	3,121 44	3,182 60
32	3,136 54	3,151 73
64	3,140 33	3,144 12
...	....	....
512	3,141 57	3,141 63

195. — On voit, d'après ce tableau, que, si on s'arrête aux polygones de 64 côtés, la longueur de la circonférence peut s'exprimer par 3^m,142, l'erreur étant certainement inférieure à 0^m,002.

Si on va jusqu'au polygone de 512 côtés, on trouve que la longueur de la circonférence peut s'exprimer par 3,14160, l'erreur étant inférieure à $\frac{3}{100}$ de millimètre.

La longueur de la circonférence pouvant s'obtenir avec

autant de chiffres exacts qu'on le veut, on dit que le nombre qui mesure cette longueur est la limite des nombres qui mesurent les périmètres des polygones incrits et circonscrits.

Enfin, si on remarque que certains théorèmes relatifs aux polygones réguliers ne dépendent pas du nombre des côtés de ces polygones, on peut en conclure que ces théorèmes sont applicables au cercle, celui-ci pouvant être considéré comme une limite de polygones réguliers.

Théorème VI

196. — Le rapport de la circonférence au diamètre est constant:

En effet, on a vu que le rapport du côté d'un polygone régulier au rayon correspondant était le même pour tous les polygones d'un même nombre de côtés.

Si P et P' sont les périmètres de polygones réguliers de n côtés, dont les rayons sont R et R', on a :

$$\frac{\frac{P}{n}}{R} = \frac{\frac{P'}{n}}{R'} \quad \text{ou} \quad \frac{P}{R} = \frac{P'}{R'}.$$

Cette dernière relation étant indépendante de n est vraie, quel que soit n; par suite, elle s'applique au cas du cercle, si on appelle C et C' les longueurs des circonférences circonscrites aux polygones considérés, on a :

$$\frac{C}{R} = \frac{C}{R'}$$

ou encore

$$\frac{C}{2R} = \frac{C}{2R'}.$$

C'est ce rapport constant $\frac{C}{2R}$, qu'on désigne par la lettre π.

197. — *Valeur de* π. On a vu plus haut que, si on a :

$$2R = 1 \text{ mètre},$$

on trouve approximativement

$$C = 3^m,1416.$$

On a donc pour valeur approchée de π, par excès,

$$\pi = 3,1416.$$

Il est commode, dans la pratique, de connaître la valeur de $\dfrac{1}{\pi}$, de façon à pouvoir éviter des divisions par π, et les remplacer par des multiplications par $\dfrac{1}{\pi}$. On a, par excès :

$$\frac{1}{\pi} = 0,31831.$$

Le géomètre grec Archimède avait trouvé une valeur approchée de π, en démontrant que le polygone de 96 côtés circonscrit à un cercle avait un rapport au diamètre inférieur à $3 + \dfrac{1}{7}$ ou $\dfrac{22}{7}$; et que pour le polygone de 96 côtés inscrit le rapport était supérieur à $3 + \dfrac{10}{71}$; ce qui donnait pour valeur approchée, de forme simple, $\dfrac{22}{7}$ par excès. Les procédés de calcul employés par Archimède étaient différents de ceux qui ont été indiqués plus haut (**188** et **190**).

PROBLÈMES MÉTRIQUES RELATIFS A LA CIRCONFÉRENCE

PROBLÈME I

198. — Calculer la longueur d'une circonférence de rayon donné.

La longueur C de la circonférence est donnée par

$$C = 2\pi R.$$

Si $R = 7$ mètres, on a, en prenant pour π la valeur $\dfrac{22}{7}$,

$$C = 44 \text{ mètres.}$$

Si on prenait pour π la valeur 3,1416, on trouverait la valeur plus approchée

$$C = 43^m,9824 ;$$

la valeur de C avec cinq chiffres décimaux exacts est

$$C = 43^m,98229.$$

On peut se rendre compte, au moyen de cet exemple, des degrés d'approximation donnés par les différentes valeurs que l'on prend pour π.

PROBLÈME II

199. — Calculer le rayon d'une circonférence de longueur donnée.

Le rayon est donné par la formule :

$$R = \frac{C}{2\pi} = \frac{1}{\pi} \cdot \frac{C}{2}.$$

Il est plus commode de multiplier par $\frac{1}{\pi}$ que de diviser par π, surtout si le nombre qui représente $\frac{C}{2}$ a peu de chiffres significatifs.

Par exemple, la circonférence d'un méridien est de 40 000 kilomètres, le rayon de la terre est donc, en kilomètres :

$$R = \frac{1}{\pi} 20\,000.$$

Si on prend pour $\frac{1}{\pi}$ 0,31 831, on trouve :

$$R = 6\,366^{Km},2 ;$$

les cinq premiers chiffres décimaux exacts seraient 19 772, de sorte qu'on aurait :

$$R = 6\,366^{Km},197^m,72^c.$$

L'erreur est donc inférieure à 3 mètres.

Problème III

200. — **Calculer la longueur d'un arc, connaissant l'angle au centre et le rayon.**

L'arc de $1°$ est la $360°$ partie de la circonférence, donc sa longueur est :

$$\text{arc } 1° = \frac{C}{360} = \frac{2\pi R}{360} = \frac{\pi R}{180°}.$$

Si un arc a $n°$, la longueur l est donnée par

$$l = n\frac{\pi R}{180°} = n\frac{C}{360°}.$$

Par exemple, la longueur de l'arc de $1°$ d'un méridien sera donnée par

$$l = \frac{40\,000}{360} = \frac{1000}{9} = 111^{\text{K}},111\ldots$$

La longueur de l'arc de $1'$ (ou mille marin) est 60 fois plus petite, soit $1851^{\text{m}},85$; la longueur de l'arc de $1''$ est $30^{\text{m}},86$.

Problème IV

201. — **Calculer un angle au centre correspondant à un arc dont le rapport au rayon est connu.**

La formule précédente donne :

$$n = 180\frac{l}{\pi R} = 180\frac{l}{R} \times \frac{1}{\pi};$$

en particulier, si on prend $l = R$, on a :

$$n = 57,29\,5779;$$

pour réduire la partie fractionnaire en minutes et secondes, je remarque que :

$$0,295\,779 \times 60 = 17,746\,74$$
$$0,746\,74 \times 60 = 44,8044,$$

on a donc $57°17'44'',80$ par défaut.

PROBLÈME V

202. — Calculer la surface d'un cercle, connaissant sa circonférence ou son rayon.

On sait que la surface d'un polygone convexe circonscrit à un cercle se mesure par la moitié du produit du périmètre du polygone par le rayon du cercle. Si on considère des polygones, dont les côtés deviennent de plus en plus petits, les surfaces de ces polygones diffèrent de moins en moins de celle du cercle, en même temps que leurs périmètres diffèrent de moins en moins de la circonférence. Comme on a toujours pour la surface d'un de ces polygones :

$$S = \frac{1}{2} P \times R;$$

on a à la limite pour le cercle :

$$S = \frac{1}{2} C \times R,$$

ce qui donne :

$$S = \frac{1}{2} 2\pi R \times R = \pi R^2$$

ou
$$S = \frac{1}{2} C \times \frac{C}{2\pi} = \frac{1}{\pi} \left(\frac{C}{2}\right)^2.$$

On emploie l'une ou l'autre formule suivant les cas.

Par exemple, si un cercle a pour rayon 10 mètres, sa surface est donnée par

$$S = \pi R^2 = 314^{mc},16;$$

si la circonférence est 20 mètres,

$$S = \frac{1}{\pi} \left(\frac{C}{2}\right)^2 = 31^{mc},83.$$

PROBLÈME VI

203. — Trouver la surface d'un secteur, connaissant l'angle au centre.

Un secteur est la portion de surface du cercle comprise entre deux rayons; les secteurs sont évidemment pro-

portionnels aux angles au centre et aux arcs correspondants. On a donc

$$S = \frac{n}{360}\, \pi R^2$$

ou
$$S = \frac{1}{2}\, l\, R,$$

l étant la longueur de l'arc ; car on sait que $l = \dfrac{\pi R n}{180}$.

EXERCICES

1. — Vérifier que la somme du côté du carré et du côté du
triangle équilatéral inscrits dans un cercle donne une longueur
égale à la demi-circonférence, à un centième du rayon près,
par excès. On déduit de là un procédé pour construire approximativement une longueur rectiligne équivalente à la longueur
d'une circonférence donnée ou d'une fraction de cette circonférence.

2. — Un arc de cercle ayant pour longueur 0ᵐ,50, et les tangentes aux extrémités de cet arc formant un angle de 162°,
calculer le rayon du cercle et la surface de ce cercle.

3. — Sur le fond d'une boîte rectangulaire, dont les côtés
ont 0ᵐ,324 et 0ᵐ,216, on place en contact les unes avec les
autres : 1° des pièces de 2 francs qui ont 0ᵐ,027 de diamètre ;
2° des pièces de 50 centimes qui ont 0ᵐ,018. Quelle surface
peut-on recouvrir par ces pièces ? Démontrer qu'on a dans les
deux cas la même surface.

4. — Sur l'hypoténuse et sur les côtés d'un triangle rectangle,
comme diamètres, on décrit trois demi-cercles. Démontrer que
la surface du triangle équivaut à la somme des surfaces comprises entre le demi-cercle décrit sur l'hypoténuse et les demi-
cercles décrits sur les côtés.

5. — Deux cercles de même rayon R ont une distance des
centres égale à R. Calculer la surface comprise entre les deux
cercles.

6. — Une corde d'un cercle a une longueur de 0ᵐ,13, la
corde qui sous-tend l'arc double de l'arc sous-tendu par la première a 0ᵐ,24. Calculer :

1° Le rayon du cercle ;
2° La surface du cercle.

LIVRE V

LE PLAN ET LA DROITE

204. Définitions. — On a vu qu'on appelle *plan* une surface telle que toute droite qui a deux points de communs avec cette surface y est contenue tout entière.

Si une droite n'a qu'un point de commun avec un plan, on dit que la droite et le plan *se coupent ;* le point commun s'appelle *point d'intersection* de la droite et du plan, ou, plus simplement, *pied* de la droite sur le plan.

THÉORÈME I

205. — **Par trois points, non en ligne droite, on peut faire passer un plan et on n'en peut faire passer qu'un** (*fig.* 118).

Soient A, B, C les trois points donnés ; par A et B, je fais passer un plan qui, d'après la définition, contient la droite AB tout entière. On peut faire tourner le plan autour de la droite, de façon à l'amener à passer par C.

Donc, il y a un plan passant par A, B, C.

Il n'y a qu'un seul plan répondant à la question ; car, soit M un point d'un plan P passant par A, B, C ; on peut, par le point M, mener dans ce plan une droite qui coupe

Fig. 118.

AC en Q et BC en R. Cette droite est contenue dans tous les plans qui passent par A, B, C, car elle a avec chacun deux points communs Q, R. Donc, tous les plans passant par A, B, C passent aussi par le point M. Ces plans passant par tous les points du plan P coïncident avec lui.

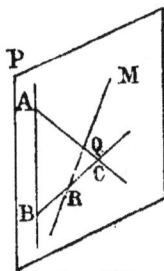

206. Remarque. — Ce théorème peut s'énoncer d'une des façons suivantes. Par deux droites qui se coupent, on peut faire passer un plan, et on n'en peut faire passer qu'un.

Par une droite et par un point extérieur, on peut faire...

Par deux droites parallèles, on peut faire...

Car les éléments, dont il est question dans ces énoncés équivalent à un système de trois points non en ligne droite.

207. Corollaires. — 1° On peut engendrer un plan par le mouvement d'une droite qui passe par un point fixe et s'appuie sur une droite fixe; ou par le mouvement d'une droite qui reste parallèle à une direction fixe et qui s'appuie sur une droite fixe.

2° Deux droites dans l'espace peuvent ne pas être dans un même plan. Car si on prend un plan passant par une droite et par un point extérieur, ce plan est déterminé; or, on peut mener par le point une droite non située dans le plan.

Deux droites dans l'espace peuvent donc avoir l'une des positions relatives suivantes :

1° Elles se rencontrent;
2° Elles sont parallèles;
3° Elles ne sont pas dans un même plan.

De sorte que, pour démontrer que deux droites dans l'espace sont parallèles, il ne suffit pas de démontrer qu'elles n'ont pas de point commun; il faut encore montrer qu'elles sont dans un même plan.

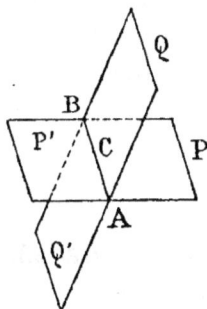
Fig. 119.

Théorème II

208. — L'intersection de deux plans est une ligne droite (*fig.* 119).

Soient A et B deux points de l'intersection, la droite AB est tout entière contenue dans chacun des plans. D'autre part, ceux-ci ne peuvent avoir de point commun en dehors de la droite, car, d'après le théorème I, ils coïncideraient.

Théorème III

209. — Étant donné un plan P, il existe :
1° Des droites qui ne le rencontrent pas (droites parallèles au plan) ;
2° Des plans qui ne le rencontrent pas (plans parallèles au plan) (*fig.* 120).

1° Soit A un point situé hors du plan P, et soit A'B' une droite de ce plan. Par le point A, je mène une droite AB parallèle à A'B' ; cette droite ne rencontre pas le plan P, car elle est tout entière située dans le plan qui passe par la droite A'B' et par le point A. Or, l'intersection du plan AA'B' et du plan P est la droite A'B', qui, par hypothèse, n'est pas rencontrée par la droite AB.

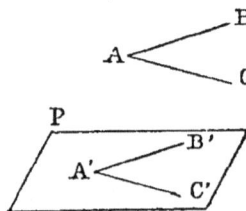
Fig. 120.

2° Si on mène par le point A deux droites AB et AC parallèles à des droites A'B' et A'C' du plan P, les droites AB et AC déterminent un plan ABC qui ne rencontre pas P. Car si ces deux plans se rencontraient, leur intersection serait dans un même plan avec AB et AC, et, comme elle ne pourrait pas être parallèle à la fois à ces deux droites, elle rencontrerait l'une d'elles, au moins. Or, on a supposé qu'aucune de ces droites ne rencontrait P, ni par suite une droite tracée dans P. Donc le plan ABC ne coupe pas le plan P.

Théorème IV

210. — Les intersections de deux plans parallèles par un troisième sont parallèles (*fig.* 121).

Soient P et Q deux plans parallèles, AB et CD leurs intersections par un troisième plan R. Les droites AB, CD sont par hypothèse dans le plan R ; elles ne se rencontrent pas, puisqu'elles sont situées dans des plans qui n'ont pas de point commun. Donc, elles sont parallèles.

211. Corollaires. — 1.º Par un point M on ne peut mener qu'un plan parallèle à un plan P.

En effet, si on pouvait mener par le point M deux plans Q, Q' parallèles au plan P, on pourrait couper le système de ces deux plans par un plan R passant par M, ne contenant pas leur intersection et non parallèle à P. Ce plan couperait donc les deux plans Q, Q', suivant des parallèles à l'intersection de R et de P. Or, par un point on ne peut mener qu'une parallèle à une droite.

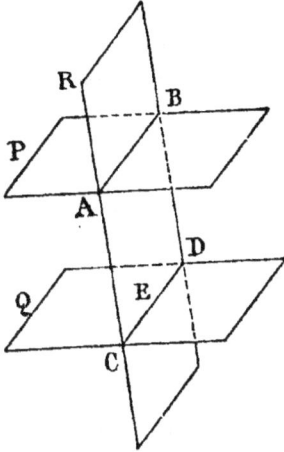

Fig. 121.

Il n'y a donc qu'un plan parallèle à P, mené par M. C'est le lieu des parallèles menées par ce point aux différentes droites de P.

2° Deux plans parallèles à un troisième sont parallèles. Car lorsqu'on coupe ces trois plans par un plan quelconque, on obtient toujours des droites parallèles.

Donc, les plans donnés ne peuvent avoir de point commun.

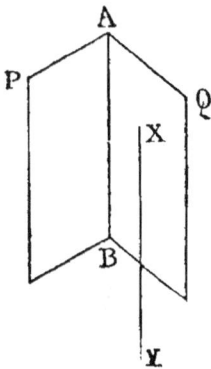

Fig. 122.

Théorème V

212. — **Si deux plans sont parallèles à une droite, leur intersection est parallèle à cette droite** (*fig.* 122).

Soient P et Q les plans donnés qui se coupent suivant AB. Soit XY, une droite à laquelle ils sont tous deux parallèles. Par le point A et par XY, je fais passer un plan. Ce plan AXY coupe P suivant une parallèle à XY, puisque XY est parallèle à P. De même AXY coupe Q, suivant une parallèle à XY. Et comme par le point A il ne passe qu'une droite parallèle à XY, les deux intersections dont on vient de parler se confondent, et elles forment l'intersection de P et Q.

Théorème VI

213. — Deux droites parallèles à une troisième sont parallèles.

Soient AB et CD parallèles à XY (*fig.* 123) :

1° AB et CD ne se rencontrent pas, car d'un point on ne peut mener qu'une parallèle à une droite.

2° AB et CD sont dans un même plan. En effet, le plan qui passe par AB et par C est parallèle à XY, puisqu'il contient AB qui lui est parallèle. Or, si on mène un plan par C et XY, les plans ABC, XYC se coupent suivant une droite qui passe par C, et qui est parallèle à XY, puisque XY est parallèle au plan ABC (**212**). Donc, l'intersection des plans ABC et XYC est la parallèle à XY, menée par le point C. C'est donc la droite CD, puisqu'il n'y a qu'une parallèle. Donc, le plan ABC contient CD tout entière.

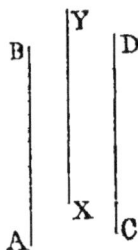

Fig. 123.

Les droites AB et CD ne se rencontrant pas et étant dans un même plan sont parallèles.

Théorème VII

214. — Si deux plans sont parallèles, ils interceptent sur deux droites parallèles entre elles des segments égaux (*fig.* 124).

Soient P et Q les deux plans, AB et CD les deux droites. Le quadrilatère ABCD est un parallélogramme, car les côtés AB, CD sont parallèles par hypothèse, et les côtés AC, BD sont parallèles d'après le théo-

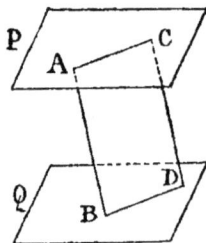

Fig. 124.

rème IV; donc AB et CD sont égales comme côtés opposés d'un parallélogramme.

Théorème VIII

215. — Trois plans parallèles interceptent sur deux droites qui les coupent des segments proportionnels (*fig.* 125).

Soient ABC, A′B′C′ deux droites coupées par des plans parallèles P, Q, R. Par un point A je mène AB″C″, parallèle à A′B′C′. Les plans Q et R sont coupés par le plan ABB″ suivant des parallèles BB″ et CC″ (**210**). On a donc (**140**) :

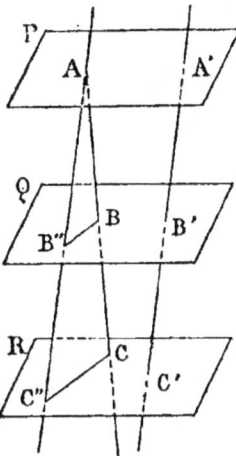

$$\frac{AB''}{B''C''} = \frac{AB}{BC}.$$

Or, d'après le théorème précédent AB″ = A′B′ et B″C″ = B′C′; donc, en remplaçant les termes du premier rapport par des termes égaux, on a :

$$\frac{A'B'}{B'C'} = \frac{AB}{BC}.$$

Fig. 125.

Théorème IX

216. — Deux angles qui ont leurs côtés parallèles deux à deux sont égaux ou supplémentaires (*fig.* 126).

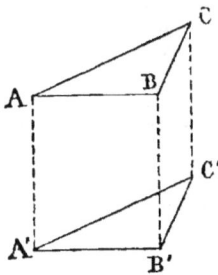

Ils sont égaux si les côtés sont deux à deux de même sens ou deux à deux de sens contraires. Ils sont supplémentaires si les côtés sont deux de même sens et les deux autres de sens contraires.

Fig. 126.

Supposons les côtés deux à deux de même sens. Je prends A′B′ = AB, A′C′ = AC. Le quadrilatère AB A′B′ est un parallélogramme, parce qu'il a deux côtés opposés égaux par construction et parallèles par hypothèse (66). Donc les autres côtés AA′ et BB′ sont égaux et parallèles. De même AC A′C′ est un parallélogramme, et on en déduit que AA′ est égal et parallèle à CC′. Or BB′ et CC′ étant égaux et parallèles à AA′ sont égaux et parallèles entre eux. La figure BC B′C′ est donc aussi un parallélogramme, et, par suite, BC et B′C′ sont égaux et parallèles. Donc les triangles ABC, A′B′C′ ont leurs trois côtés égaux, par suite $\hat{A} = \hat{A}'$.

Si on prolonge les côtés de l'angle B′A′C′, on forme autour du point A′ un angle égal à l'angle A′ et deux angles supplémentaires. Les angles formés autour de A′ sont donc égaux à l'angle BAC ou supplémentaires de cet angle.

217. Remarque. — Il résulte de ce théorème que les angles de deux droites qui partent d'un même point ne dépendent que des directions de ces droites et non du point d'intersection ; c'est pourquoi on appelle angles de deux droites qui ne se rencontrent pas, les angles formés par des parallèles à ces droites menées par un même point de l'espace.

Exercices

1. — On donne deux droites D, D′ non situées dans un même plan et un point M. Démontrer qu'il existe une droite et une seule qui passe par M et qui rencontre D et D′.

2. — On donne deux droites D et D′ non situées dans un même plan. Démontrer qu'il existe une droite et une seule parallèle à une direction donnée (autre que celles de D et D′), et rencontrant les droites D et D′.

3. — Etant données deux droites non situées dans un même plan, on peut mener par un point un plan parallèle à ces droites, et on n'en peut mener qu'un seul.

4. — On donne quatre points A, B, C, D non situés dans un même plan. On prend les points A′, milieu de AB ; B′, milieu de BC ; C′, milieu de CD ; D′, milieu de DA. Démontrer que A′B′C′D′ est un parallélogramme.

DROITES ET PLANS PERPENDICULAIRES

218. Remarques. — 1° En un point d'une droite, on
peut élever dans l'espace un nombre infini de perpendiculaires à une droite. Car soient AB et AC deux perpendiculaires, si on fait tourner la figure autour de la droite
AB, la droite AC reste perpendiculaire à celle-ci ; or, on
peut faire occuper à AC autant de positions différentes
qu'on le veut.

2° On sait que dans un triangle isocèle la médiane est
en même temps hauteur ; et que, si dans un triangle la
médiane est hauteur, le triangle est isocèle. Donc, pour
démontrer qu'une droite est perpendiculaire à une autre,
il suffit de montrer qu'elle est médiane d'un triangle isocèle, dont la base est sur l'autre. Cette remarque est le
point de départ des démonstrations de plusieurs théorèmes.

Théorème X

219. — **Si une droite est perpendiculaire à deux
droites d'un plan (non parallèles
entre elles), elle est perpendiculaire à toutes les droites du plan**
(*fig.* 127).

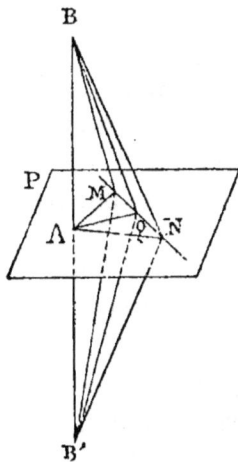

Fig. 127.

Soit AB une droite perpendiculaire
à deux droites d'un plan P. Soient
AM, AN les parallèles à ces droites
menées par le pied de AB sur le plan.
Je dis que AB est perpendiculaire à
toute droite du plan P ; soit AQ une
droite de ce plan. Je prends sur AB
de part et d'autre du point A des longueurs AB, AB′ égales et je joins B
et B′ à trois points MNQ en ligne
droite.

Le triangle MBB′ a pour médiane MA par construction ; de plus MA est hauteur par hypothèse, donc (218) MB = MB'.

Pour les mêmes raisons, on a :

$$NB = NB'.$$

Il résulte de là, que les deux triangles BMN et B'MN sont égaux comme ayant leurs trois côtés égaux. On peut les faire coïncider en faisant tourner B'MN autour du côté commun MN ; mais, dans cette opération, le point Q ne bouge pas. Le point B' vient en B, donc B'Q = BQ. Le triangle QBB' est donc isocèle et la droite AQ qui joint le sommet au milieu de la base est perpendiculaire sur cette base.

La droite AB, étant perpendiculaire à toutes les droites qui passent par son pied dans le plan, est perpendiculaire à toutes les droites du plan ; car chacune de ces droites est parallèle à une droite passant par A.

220. Remarque. — Le plan P, déterminé par deux droites, AM, AN perpendiculaires à AB, est le lieu des perpendiculaires élevées au point A sur la droite AB. En effet :

1° On vient de voir que toutes les droites de ce plan sont perpendiculaires à AB.

2° Si on considère une droite AQ perpendiculaire à AB, cette droite est dans le plan P ; car le plan qui passe par AB et AQ coupe P suivant une perpendiculaire à AB. Or, dans ce plan ABQ, on ne peut élever en A qu'une perpendiculaire sur AB, donc l'intersection de P par ABQ coïncide avec la droite AQ.

221. Définition. — On dit qu'une droite est *perpendiculaire à un plan*, lorsqu'elle est perpendiculaire à toutes les droites de ce plan.

Le théorème précédent montre que la condition de perpendicularité d'une droite et d'un plan revient à la perpendicularité de cette droite et de deux droites du plan. Autrement dit, le théorème peut s'énoncer ainsi : *Pour qu'une droite soit perpendiculaire à un plan, il suffit qu'elle soit perpendiculaire à deux droites de ce plan.*

222. Corollaires. — 1° Si deux plans sont parallèles, toute droite perpendiculaire à l'un est aussi perpendiculaire à l'autre (*fig.* 128).

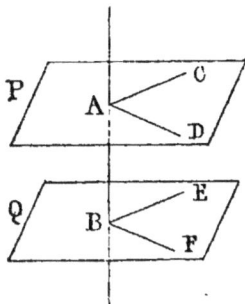

Fig. 128.

Soient P et Q deux plans, et soit AB une droite perpendiculaire à P. Je mène dans P deux droites AC, AD, elles sont perpendiculaires à AB. Les plans ACB, ADB coupent Q suivant BE, BF respectivement parallèles à AC et AD par suite perpendiculaires à AB. Donc, le plan Q contient deux perpendiculaires à AB, il est perpendiculaire à cette droite.

2° Si deux droites sont parallèles, tout plan perpendiculaire à l'une est perpendiculaire à l'autre.

Soient D et D′ deux parallèles, D étant perpendiculaire à un plan P, toutes les droites de P sont perpendiculaires à D, et par suite, à sa parallèle D′ (**217**).

THÉORÈME XI

223. — **Par un point on peut mener un plan perpendiculaire à une droite, et on n'en peut mener qu'un** (*fig.* 129).

1° Supposons le point A donné sur la droite XY, dans deux plans passant par la droite je mène des perpendiculaires AB, AC à cette droite. Le plan BAC est perpendiculaire à la droite XY. C'est le seul, car on a vu que les perpendiculaires élevées en un point d'une droite avaient un plan pour lieu.

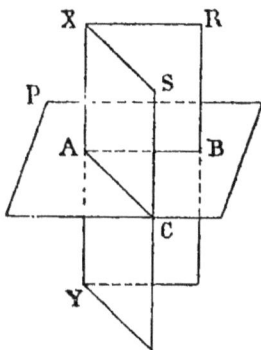

Fig. 129.

2° Supposons le point A hors de la droite; par le point A je mène une droite D parallèle à XY. Le plan mené par A perpendiculairement à D est perpendiculaire à XY (**222**).

224. Corollaire. — Deux plans perpendiculaires à

une même droite sont parallèles. En effet, d'un point on ne peut mener qu'un plan perpendiculaire à une droite, donc deux plans perpendiculaires à une même droite ne peuvent se rencontrer.

Théorème XII

225. — Par un point on peut mener une droite perpendiculaire à un plan et on n'en peut mener qu'une (*fig.* 130).

1° Supposons le point A dans le plan P. Je mène dans ce plan deux droites AB, AC. La droite cherchée doit être perpendiculaire à AB et AC. Or, les droites perpendiculaires à AB, passant par A, ont pour lieu le plan perpendiculaire à AB au point A (**220**). De même, les droites perpendiculaires à AC ont pour lieu le plan perpendiculaire à AC.

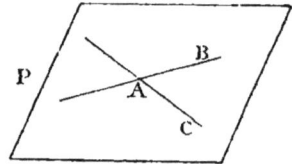

Fig. 130.

L'intersection de ces deux plans est une droite unique perpendiculaire à AB et AC, et par conséquent au plan P.

2° Supposons le point A hors du plan P ; par le point A je mène P′ parallèle à P. La droite menée par A perpendiculairement à P′ est perpendiculaire à P (**222**) ; et on vient de voir qu'il n'y a qu'une perpendiculaire à P′ au point A.

226. Corollaire. — Deux droites perpendiculaires à un même plan sont parallèles (*fig.* 131).

Soient AB et CD perpendiculaires à un plan P ; si par le point C je mène la parallèle à AB, cette droite sera perpendiculaire au plan P (**222**). Mais il n'y a qu'une seule perpendiculaire, donc cette droite n'est autre que CD.

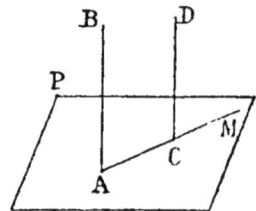

Fig. 131.

Théorème XIII

227. — La perpendiculaire menée d'un point à un plan est plus courte que toute oblique (*fig.* 132).

En effet, soit OA la perpendiculaire abaissée d'un point O et OB une oblique. Le triangle OAB est rectangle en A, donc OB, qui est l'hypoténuse, est plus grand que OA.

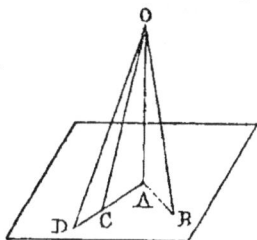

Il résulte de là que la distance d'un point à un plan se mesure par la longueur de la perpendiculaire.

228. Remarque. — Si une droite est parallèle à un plan, tous ses points sont à la même distance du plan.

Fig. 132.

En effet, soit une droite AB parallèle à un plan P, des points A et B j'abaisse des perpendiculaires sur P. Ces droites sont dans un même plan Q. La figure ABCD est un rectangle, car CD est parallèle à AB. Donc AC = BD.

Par suite, si deux plans sont parallèles, tous les points de l'un sont à la même distance de l'autre.

Théorème XIV

229. — Les obliques menées d'un point à un plan sont dans le même ordre de grandeur que les distances de leurs pieds au pied de la perpendiculaire (*fig.* 132).

Soit OA la perpendiculaire, soient OB, OC deux obliques, si AB = AC, les triangles rectangles OAC, OAB sont égaux (**27**), donc OB = OC. Inversement, si OB = OC, on a AB = AC.

Si on a AC < AB, je prends AD = AB. Alors OD = OB. Or, OD et OC sont dans le même ordre de grandeur que AD et AC (**40**). Donc OB et OC sont dans le même ordre de grandeur que AB et AC.

Théorème XV

230. — Le lieu des points de l'espace également distants de deux points A et B est le plan perpendiculaire au milieu de AB.

En effet, ce lieu est celui des sommets des triangles isocèles qui ont AB pour base. Or, les sommets de ces triangles sont sur les perpendiculaires au milieu de AB (45).

Théorème XVI

231. — Si une droite OA est perpendiculaire à un plan P, si du pied A de cette droite on mène AB perpendiculaire sur une droite CD du plan P, la droite OB est perpendiculaire à CD (O étant un point quelconque de la première droite) (*fig.* 133).

Je prends sur CD des longueurs CB, DB égales de part et d'autre de B. Les droites AC, AD sont égales, puisque dans le triangle ACD, AB est médiane par construction et hauteur par hypothèse (218). Il en résulte que les droites OC, OD sont égales comme obliques dont les pieds sont également écartés du pied de la perpendiculaire (229). Or, dans le triangle OCD, OB est médiane par construction ; le triangle étant isocèle, OB est hauteur.

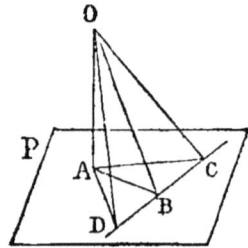

Fig. 133.

Remarque. — Ce théorème est souvent appelé *théorème des trois perpendiculaires*.

Théorème XVII

232. — Réciproquement, si une droite OA est perpendiculaire à un plan P, et si la droite OB est per-

pendiculaire à une droite CD du plan P, la droite AB est perpendiculaire à CD.

Je prends sur CD les longueurs CB, BD égales de part et d'autre de B. Les droites OC, OD sont égales, puisque dans le triangle OCD, OB est médiane par construction et hauteur par hypothèse. Il en résulte que AC, AD sont égales comme distances des pieds de deux obliques égales au pied de la perpendiculaire. Or, dans le triangle ACD, AB est médiane par construction; le triangle étant isocèle, AB est hauteur.

EXERCICES

1. — Étant données deux droites non situées dans un même plan, il existe une droite et une seule perpendiculaire à la fois à ces deux droites et les rencontrant toutes deux.

2. — On donne un point M et une droite D. On considère tous les plans passant par D et on abaisse de M la perpendiculaire sur chacun d'eux. Trouver le lieu de ces perpendiculaires et le lieu de leurs pieds.

3. — Si deux droites sont perpendiculaires, tout plan perpendiculaire à l'une est parallèle à l'autre.

4. — Démontrer que la perpendiculaire élevée sur le plan d'un cercle en son centre est le lieu des points également distants de tous les points de ce cercle.

5. — Démontrer que, si deux droites sont perpendiculaires, on peut mener par chacune d'elles un plan perpendiculaire à l'autre.

ANGLES DIÈDRES. — PLANS PERPENDICULAIRES

233. Définitions. — On appelle *angle dièdre* ou plus simplement *dièdre* la figure formée par deux plans qui se coupent. Ces deux plans sont les *faces* du dièdre. Leur intersection est l'*arête* du dièdre.

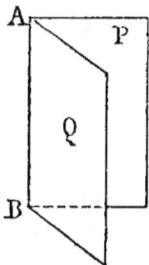

Si deux plans P et Q se coupent suivant une droite AB (*fig.* 134), on désigne le dièdre ainsi formé, soit par AB, soit par PABQ.

Fig. 134.

On dit que deux dièdres sont *opposés par l'arête*, lorsque leurs faces sont en prolongement.

On dit que deux dièdres sont *adjacents*, lorsqu'ils ont une face commune et sont situés de part et d'autre.

En particulier, on appelle dièdres *droits* des dièdres adjacents égaux dont les faces non communes sont en prolongement. On dit que les faces d'un dièdre droit sont *perpendiculaires*.

Théorème XVIII

234. — Des plans perpendiculaires à l'arête d'un dièdre coupent les faces suivant des droites qui forment des angles égaux (*fig.* 135).

Soit PABQ un dièdre, soient DCE, D′C′E′ les angles déterminés par des plans perpendiculaires à AB. Les droites CD et C′D′ sont parallèles comme perpendiculaires à AB dans le plan P. De même CE, C′E′ sont parallèles. En outre, ces droites sont deux à deux de même sens, donc les angles sont égaux.

235. Définition. — On appelle *angle plan*, ou *angle rectiligne* ou plus simplement *rectiligne* d'un dièdre l'angle obtenu en coupant ce plan par un plan perpendiculaire à l'arête. La mesure des dièdres se ramène à celle des rectilignes.

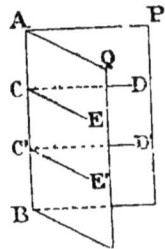

Fig. 135.

Théorème XIX

236. — Si deux dièdres sont égaux, leurs rectilignes sont égaux.

En effet, si on fait coïncider les dièdres et si on coupe par un plan perpendiculaire à l'arête commune, on obtient le même rectiligne dans les deux dièdres.

Théorème XX

237. — Le rapport de deux angles dièdres est égal au rapport des rectilignes correspondants (*fig.* 136).

Supposons qu'il existe un dièdre qui soit contenu trois

fois dans le dièdre AB et cinq fois dans le dièdre A′B′, on aura :

$$\frac{\text{dièdre A′B′}}{\text{dièdre AB}} = \frac{5}{3}.$$

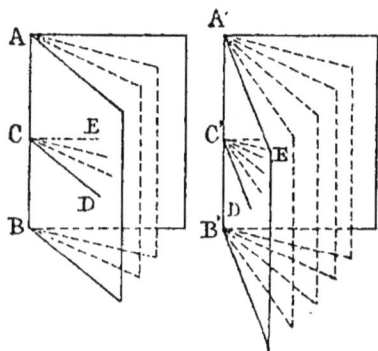

Fig. 136.

Si on divise le dièdre AB en trois parties égales et le dièdre A′B′ en cinq, on obtiendra des dièdres qui, d'après le théorème précédent, ont des rectilignes égaux.

L'angle DCE, rectiligne de AB, contient trois de ces rectilignes, et l'angle D′C′E′, rectiligne de A′B′, en contient cinq. Le rapport des rectilignes est donc :

$$\frac{\text{D′C′E′}}{\text{DCE}} = \frac{5}{3}.$$

Les rapports de dièdres et de rectilignes ayant même valeur numérique, on a :

$$\frac{\text{D′C′E}}{\text{DCE}} = \frac{\text{dièdre A′B′}}{\text{dièdre AB}}.$$

238. Corollaire. — On déduit de là qu'un angle dièdre a même mesure que son rectiligne, pourvu que l'on prenne pour unité de dièdres et pour unité de rectilignes un dièdre et un rectiligne qui se correspondent.

239. Remarque. — Il résulte de ce qui précède qu'on peut déduire des propositions relatives aux angles plans des propositions analogues relatives aux angles dièdres. Ainsi :

Deux dièdres opposés par l'arête sont égaux, car leurs rectilignes sont opposés par le sommet.

Tous les dièdres droits sont égaux, car leurs rectilignes sont droits.

LE PLAN ET LA DROITE.   143

Si on coupe deux plans parallèles par un troisième, on forme des dièdres alternes-internes ou correspondants égaux ; car les rectilignes sont des angles alternes-internes ou correspondants par rapport à deux parallèles et une sécante.

Si deux dièdres ont leurs faces parallèles deux à deux, ils sont égaux ou supplémentaires ; car leurs rectilignes ont leurs côtés parallèles.

Théorème XXI

240. — **Si deux plans P et Q sont perpendiculaires, toute droite menée dans Q perpendiculairement à l'intersection est perpendiculaire à P** (*fig.* 137).

Soit AB l'intersection de P et Q, soit CD perpendiculaire à AB dans le plan Q. Menons DE perpendiculaire à AB dans le plan P. L'angle CDE est le rectiligne du dièdre PAQB (235). Par hypothèse, le dièdre est droit, donc CDE est droit. La droite CD est donc perpendiculaire à la fois à AB et à DE, elle est perpendiculaire au plan P (219).

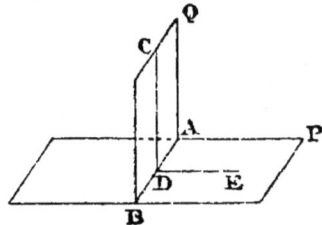
Fig. 137.

Théorème XXII

241. — **Si une droite CD est perpendiculaire à un plan P, tout plan passant par CD est perpendiculaire à P** (*fig.* 137).

Soit AB l'intersection de P avec un plan Q, passant par CD, je mène DE perpendiculaire à AB dans le plan P. L'angle plan du dièdre PABQ est formé par les droites DE et CD, puisque ces droites sont dans les deux faces et sont perpendiculaires à l'arête, l'une par hypothèse, l'autre par construction (235). Or, CD étant perpendiculaire à DE, le dièdre PABQ est droit comme ayant un angle plan droit.

242. Remarque. — Il résulte des deux théorèmes précédents que la condition nécessaire et suffisante pour que deux plans soient perpendiculaires est que l'un d'eux contienne une droite perpendiculaire à l'autre. La condition est nécessaire d'après le premier théorème et suffisante d'après le second.

Théorème XXIII

243. — **Si deux plans sont perpendiculaires à un troisième, leur intersection est perpendiculaire à ce plan** (*fig.* 138).

Soit A le point d'intersection des trois plans. Je mène

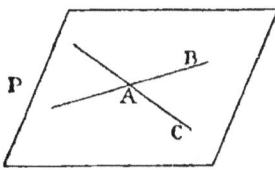
Fig. 138.

par ce point, dans le troisième plan, des droites AB, AC respectivement perpendiculaires aux intersections de ce plan avec les deux premiers. Ces droites sont respectivement perpendiculaires aux deux plans (**240**). L'intersection de ces deux plans est perpendiculaire à AB et AC.

Donc, elle est perpendiculaire au plan P, qui contient ces droites (**221**).

244. Définitions. — On appelle *projection* d'un point sur un plan le pied de la perpendiculaire abaissée de ce point sur le plan.

On appelle projection d'une ligne le lieu des projections de ses points (*fig.* 139).

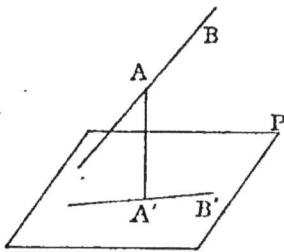
Fig. 139.

Les perpendiculaires s'appellent les *projetantes* des points correspondants.

Théorème XXIV

245. — **La projection d'une droite sur un plan (qui ne lui est pas perpendiculaire) est une droite; et les segments sont proportionnels aux segments correspondants de la projection** (*fig.* 140).

Soit AB une droite et P un plan. Si on mène les projetantes des différents points de la droite AB, ces droites sont parallèles (**226**); comme elles rencontrent AB, elles forment un plan (**207**). Donc, la projection de la droite AB est l'intersection du plan P par le plan des projetantes qu'on appelle le *plan projetant.* Ce plan est le plan perpendiculaire à P mené par AB.

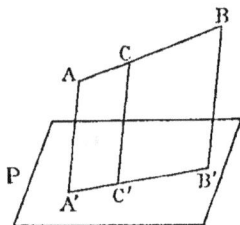

Fig. 140.

Les projetantes étant parallèles, elles divisent la droite AB et sa projection A'B' en segments proportionnels.

246. Corollaire. — Les projections de deux droites parallèles sur un même plan sont parallèles.

En effet, les plans projetants sont parallèles, puisqu'ils contiennent les droites données et des droites perpendiculaires au plan; ce qui fait deux directions de droites parallèles.

Les intersections des plans projetants par le plan de projection sont parallèles (**210**).

Théorème XXV

247. — **L'angle aigu qu'une droite fait avec sa projection sur un plan est le plus petit angle que cette droite forme avec une droite du plan** (*fig.* 141).

Soit AB une droite, A*b* sa projection, je mène une droite AC. Il s'agit de démontrer que BAC > BA*b*. Je prends AC = A*b*. Les triangles AB*b* et ABC ont le côté AB commun, AC = A*b* par construction et BC est plus grand que B*b*, puisque BC est oblique et que B*b* est perpendiculaire (227). Donc BAC opposé à l'oblique BC est plus grand que BA*b* opposé à la perpendiculaire B*b* (28).

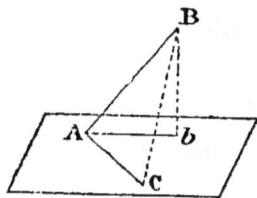

Remarque. — C'est à cause de ce théorème qu'on appelle angle d'une droite et d'un plan l'angle que la droite fait avec sa projection sur le plan. Cet angle est essentiellement aigu ; il est le complément de l'angle que la droite **AB** fait avec la perpendiculaire B*b* au plan.

Fig. 141.

ANGLES POLYÈDRES

248. Définitions. — On appelle *angle trièdre* ou plus simplement *trièdre* la figure formée par trois plans qui se coupent en un même point. Ce point est le *sommet* du trièdre. Les intersections des plans deux à deux sont les *arêtes*. On appelle *faces* du trièdre les angles formés par les arêtes deux à deux ; on appelle aussi faces les plans de ces angles (*fig.* 142).

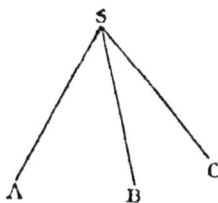

Un trièdre peut être considéré comme formé par trois droites partant d'un même point et non situées dans un même plan.

Fig. 142.

Un trièdre se désigne par quatre lettres : SABC, par exemple, la lettre correspondant au sommet étant toujours mise la première. Lorsqu'il n'y a pas d'ambiguïté, on peut désigner un trièdre par la lettre correspondant à son sommet.

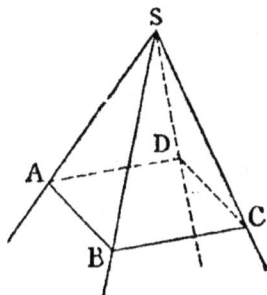

249. — On appelle *angle polyèdre* ou *angle solide* la figure formée par plusieurs plans qui passent par un

Fig. 143.

même point et sont limités à leurs intersections successives. Ce point est le *sommet*, les intersections successives des plans sont les *arêtes*, les angles des arêtes entre elles sont les *faces* de l'angle polyèdre (*fig.* 143).

Un angle polyèdre peut être considéré comme formé par un système de droites partant d'un même point.

On dit qu'un angle polyèdre est *convexe*, lorsqu'il n'est traversé par aucune de ses faces prolongée indéfiniment. Un trièdre est toujours convexe.

EXERCICES

1. — Trouver le lieu des points équidistants de deux plans donnés.

2. — Trouver le lieu des points de l'espace équidistants de deux droites qui se coupent.

3. — Si un angle droit a un côté parallèle à un plan P, sa projection sur le plan P est un angle droit.

4. — Si un angle ayant un côté parallèle à un plan P a pour projection sur ce plan un angle droit, cet angle est droit.

5. — Si un angle droit se projette suivant un angle droit sur un plan P, un des côtés de l'angle est parallèle au plan.

6. — Si une droite fait des angles égaux avec trois droites d'un plan, elle est perpendiculaire au plan.

THÉORÈME XXVI

250. — Dans un trièdre une face quelconque est plus petite que la somme des deux autres (*fig.* 144).

Il suffit de démontrer le théorème pour la plus grande face. Supposons que cette face soit ASB, je fais dans cette face un angle ASD égal à ASC; il faut démontrer que

$$DSB < CSB.$$

Pour comparer ces deux angles, il suffit de les faire entrer dans des triangles ayant deux côtés égaux chacun à chacun comprenant ces angles et de comparer

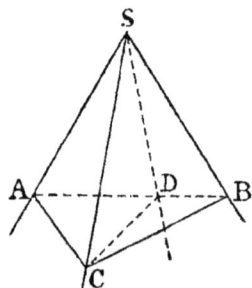

Fig. 144.

les côtés opposés (28). Je prends donc SD = SC, et par les points C, D, je fais passer un plan qui coupe les arêtes du trièdre (et non leurs prolongements).

Les deux triangles SBD, SBC ont SB commun, SD = SC par construction ; reste à comparer CB et DB.

Or, SAD, SAC sont égaux comme ayant SA commun, SD = SC par construction, et les angles en S égaux. Donc

$$AD = AC.$$

Dans le triangle ABC, le côté BC est plus grand que la différence des deux autres :

$$BC > AB - AC = AB - AD = DB ;$$

donc CSB opposé à BC est plus grand que DSB opposé à DB.

Remarque. — Il résulte de là qu'une face quelconque est plus grande que la différence des deux autres. Le raisonnement est le même que pour le théorème analogue relatif aux côtés d'un triangle (**22**).

Théorème XXVII

251. — La somme des faces d'un trièdre est plus petite que quatre droits.

Si on coupe le trièdre SABC par un plan, on peut appliquer le théorème précédent à chacun des trièdres qui ont pour sommets les points A, B, C. On a ainsi :

$$BAC < SAB + SAC$$
$$ABC < SBA + SBC$$
$$ACB < SCA + SCB.$$

Si on ajoute ces inégalités membre à membre, on a dans le premier membre la somme des angles du triangle ABC, c'est-à-dire deux droits.

Dans le second membre, on a la somme de six angles appartenant aux trois triangles qui aboutissent au point S.

On a ainsi tous les angles de ces triangles, moins les angles en S. La somme est donc :

$$6 \text{ droits} - \text{somme des angles en S.}$$

On a ainsi :

$$2 < 6 - (ASB + BSC + CSA),$$

d'où

$$ASB + BSC + CSA < 6 - 2 = 4 \text{ droits.}$$

252. Remarque. — Si, au lieu d'un trièdre, on avait un angle polyèdre convexe ayant n arêtes, en coupant cet angle par un plan, on déterminerait un polygone dont les n sommets seraient des sommets de trièdres. En opérant comme précédemment, on trouverait n inégalités.

La somme des premiers membres serait la somme des angles d'un polygone convexe ayant n sommets, soit :

$$2n - 4 \text{ droits.}$$

La somme des seconds membres est la somme des angles de n triangles, moins la somme des angles en S, on a donc :

$$2n - 4 < 2n - \text{somme des angles en S,}$$

d'où

$$\text{somme des angles en S} < 4 \text{ droits.}$$

Autrement dit, dans tout angle polyèdre convexe, la somme des faces est plus petite que quatre droits.

253. Angles polyèdres symétriques. — Si on prolonge les arêtes d'un trièdre SABC au delà de son sommet, on forme un deuxième trièdre SA'B'C' (*fig.* 145), les deux trièdres ont leurs faces égales deux à deux comme opposées par le sommet et leurs dièdres égaux deux à deux comme opposés par l'arête. Cependant ces trièdres ne sont pas égaux, en général, parce que leurs éléments ne sont pas disposés dans le même ordre.

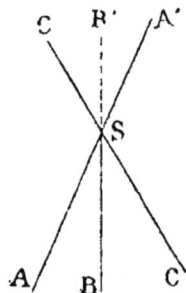

Fig. 145.

En effet, pour faire coïncider les deux trièdres, il fau-

drait amener deux faces égales ASC, A'SC', par exemple,
l'une sur l'autre. Or, on peut faire coïncider ces
faces de deux manières seulement, soit en plaçant SA'
sur SA et SC' sur SC, soit en plaçant SC' sur SA et SA'
sur SC.

1° Pour amener SA' sur SA et SC' sur SC, il suffit de
faire tourner A'SC' autour du point S d'un angle de 180°
dans son plan. La droite SB' restera toujours de l'autre
côté du plan ASC par rapport à SB, de sorte que les
trièdres ne peuvent coïncider. Ils sont dans la même position relative qu'un trièdre posé sur une glace et son
image vue dans la glace, c'est-à-dire de part et d'autre
de la face commune.

2° On peut amener SA' sur SC et SC' sur SA en faisant
pivoter le second trièdre de 180° autour de la bissectrice
de ASC'. Dans ce cas, les arêtes SB et SB' seront d'un
même côté de la face commune, mais les dièdres dont
les arêtes sont en coïncidence ne sont pas ceux qui étaient
primitivement opposés par l'arête ; de sorte qu'ils ne sont
pas égaux en général, et par suite les trièdres ne coïncident pas.

Pour que la coïncidence ait lieu, il faudrait que le
dièdre SC' soit égal au dièdre SA ; comme SC = SC', on
devrait avoir SA = SC. Il est facile de voir que dans ce
cas les faces opposées BSC, BSA sont égales, puisque BSC
par exemple coïnciderait avec B'SA' qui est égale
à BSA.

254. — De même, si on prolonge les arêtes d'un angle
polyèdre, on obtient un second angle polyèdre qui a ses
faces et ses dièdres respectivement égaux aux faces et
aux dièdres du premier. Mais les éléments n'étant pas
disposés dans le même ordre, les deux angles ne peuvent
pas coïncider en général.

On appelle *angles polyèdres symétriques* deux angles
qui peuvent être placés de telle façon que les arêtes de
l'un soient les prolongements des arêtes de l'autre. Il
résulte de ce qui précède que *deux angles polyèdres symétriques ne sont généralement pas superposables.*

EXERCICES

1. — Trois droites SA, SB, SC, partant d'un même point, font entre elles des angles

ASB = 150°   BSC = 120°   CSA = 90°.

Ces droites forment-elles un trièdre ou sont-elles dans un même plan?

2. — Les plans bissecteurs des dièdres d'un trièdre ont trois à trois une droite commune.

Définition. — On appelle *tétraèdre* la figure formée en coupant un trièdre par un plan. On appelle arêtes opposées les arêtes qui n'ont pas de sommet commun.

3. — Si dans un tétraèdre SABC les arêtes opposées SA, BC sont perpendiculaires, ainsi que les arêtes opposées SB, AC, les arêtes SC, AB sont aussi perpendiculaires. — On dit alors que ce tétraèdre est *à arêtes opposées orthogonales.*

4. — Dans un tétraèdre à arêtes opposées orthogonales, la perpendiculaire abaissée d'un sommet sur la face opposée a pour pied le point de rencontre des hauteurs de cette face.

5. — Si la perpendiculaire abaissée d'un sommet d'un tétraèdre sur la face opposée a pour pied le point de rencontre des hauteurs de cette face, le tétraèdre est à arêtes opposées orthogonales.

6. — On peut toujours couper un trièdre par un plan, de façon à obtenir un tétraèdre à arêtes opposées orthogonales.

7. — Déduire de là que les plans menés par les arêtes d'un trièdre perpendiculairement aux faces opposées se coupent suivant une même droite.

8. — On coupe un trièdre trirectangle par un plan ABC. On joint le sommet S aux milieux A', B', C' des côtés de ABC. Démontrer que SA' = B'C', SB' = A'C', SC' = A'B'.

LIVRE VI

LES POLYÈDRES

MESURE DES PRISMES

255. Définitions. — On appelle *polyèdre* un corps limité de toutes parts par des portions de plans. Ces portions de plans s'appellent les faces du polyèdre.

Les *angles dièdres* du polyèdre sont ceux que forment deux faces contiguës ; les *arêtes* du polyèdre sont les arêtes de ces dièdres.

Les *angles polyèdres* du polyèdre sont ceux que forment plusieurs faces ; les *sommets* du polyèdre sont les sommets de ces angles.

On dit qu'un polyèdre est *convexe*, s'il est tout entier d'un même côté d'une de ses faces indéfiniment prolongée.

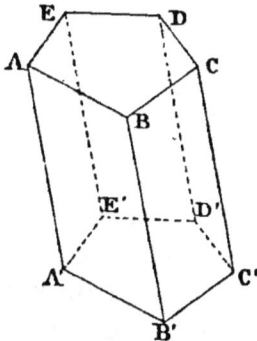

Fig. 146.

On appelle *prisme* un polyèdre qui a des faces, en nombre quelconque, parallèles à une même droite, et deux autres faces parallèles entre elles (*fig.* 146).

Ces dernières faces sont les *bases* du prisme ; les premières sont les *faces latérales*.

256. — Les faces latérales se coupent deux à deux suivant des droites parallèles, comme intersections de plans parallèles à une même droite. Les arêtes ainsi déterminées, *arêtes latérales*, sont égales comme parallèles comprises entre plans parallèles. Donc les faces latérales sont des parallélogrammes.

Les bases sont des polygones quelconques mais égaux, car leurs côtés sont deux à deux parallèles et égaux.

On appelle *hauteur* d'un prisme la perpendiculaire commune aux deux bases.

Si les arêtes latérales sont perpendiculaires aux bases, on dit que le prisme est *droit;* dans le cas contraire le prisme est oblique.

Dans un prisme droit, la hauteur est égale à la longueur commune des arêtes latérales.

On appelle prisme *régulier*, un prisme droit dont la base est un polygone régulier.

Si on coupe la surface latérale d'un prisme par deux plans parallèles, on obtient deux polygones égaux. Car ces polygones peuvent être considérés comme les bases d'un prisme.

En particulier, on appelle *section droite* d'un prisme la section de la surface latérale perpendiculaire aux arêtes latérales. Il résulte de la remarque précédente que toutes les sections droites d'un prisme sont égales.

THÉORÈME I

257. — **Deux prismes droits qui ont des bases égales et des arêtes égales sont égaux.**

En effet, si on fait coïncider les bases, de façon à ce que les prismes soient d'un même côté des bases en coïncidence, les arêtes latérales coïncident; car elles sont deux à deux perpendiculaires en un même point à un même plan et elles ont une même longueur. Donc les sommets des prismes coïncident, et par suite les prismes coïncident.

258. Définition. — On dit que deux figures sont *équivalentes* lorsqu'elles ont même volume sans être égales.

Théorème II

259. — Un prisme oblique est équivalent au prisme droit qui aurait pour base la section droite et pour hauteur l'arête de ce prisme oblique (*fig.* 147).

Menons dans le prisme ABCD A'B'C'D' deux sections droites EFGH, E'F'G'H' à une distance égale à la longueur des arêtes latérales. On détermine ainsi un prisme compris entre les deux sections droites.

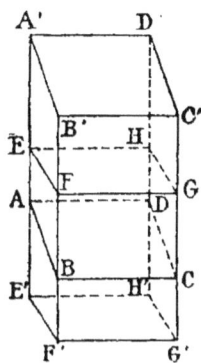

Fig. 147.

Ce prisme et le prisme donné ont une partie commune; pour montrer qu'ils sont équivalents, il suffit de montrer que les parties non communes sont égales.

Or, si on fait coïncider E'F'G'H' avec EFGH, E'A viendra sur EA', puisque les sections qu'on a fait coïncider sont des sections droites. De plus, comme EE' = AA', en retranchant de part et d'autre la partie commune AE, il reste E'A = EA', donc A viendra en A'; il en est de même pour les autres sommets. Donc les parties non communes sont égales.

260. Définitions. — On appelle *parallélépipède* un prisme dont les bases sont des parallélogrammes. Ce polyèdre a donc six faces qui sont deux à deux parallèles à cause du parallélisme de leurs arêtes. On peut considérer l'une quelconque des faces comme base du parallélépipède (*fig.* 148).

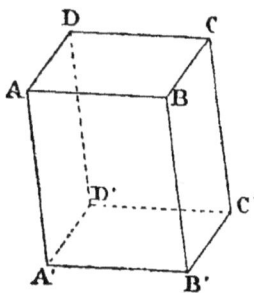

Fig. 148.

Un parallélépipède est *droit*, s'il y a deux faces perpendiculaires aux arêtes qu'elles ne contiennent pas.

Un parallélépipède est rectangle, si chaque face est un rectangle.

En particulier, si toutes les faces sont carrées, le polyèdre est un *cube*.

On prend pour unité de volume le volume du cube construit sur l'unité de longueur.

On appelle *rhomboèdre* un parallélépipède dont toutes les faces sont des losanges.

THÉORÈME III

261. — Si on coupe la surface latérale d'un parallélépipède par un plan, la section obtenue est un parallélogramme (*fig.* 149).

En effet, les côtés opposés EH, GF sont parallèles, comme intersection de deux plans parallèles, faces opposées du parallélépipède, par un troisième (**210**). Les droites EF, GH sont parallèles pour la même raison.

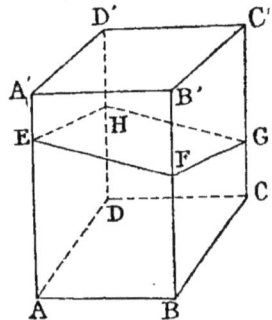

Fig. 149.

THÉORÈME IV

262. — Dans un parallélépipède les diagonales se coupent en parties égales (*fig.* 150).

Soient AC′, BD′ deux diagonales ; la figure AD′C′B est un parallélogramme dont AC′, BD′ sont les diagonales. Donc ces droites se coupent, et elles se coupent en leur milieu.

263. Remarque. — Si le parallélépipède était rectangle, AD′ C′B serait un rectangle et AC′ = BD′. Donc, dans un parallélépipède rectangle les diagonales sont égales.

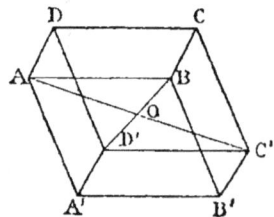

Fig. 150.

Théorème V

264. — Le volume d'un parallélépipède rectangle se mesure par le produit des nombres qui mesurent trois arêtes partant d'un même sommet (*fig.* 151).

Supposons que les arêtes DA, DC, DK aient une commune mesure qui soit contenue, par exemple, trois fois dans DA, quatre fois dans DC et cinq fois dans DK. On peut décomposer la base ABCD en carrés ayant pour côté cette commune mesure, le nombre de ces carrés est

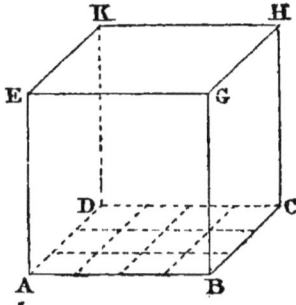

$$3 \times 4.$$

Fig. 151.

Si on mène par les lignes qui limitent ces carrés des plans perpendiculaires au plan ABCD, on découpe le parallélépipède en autant de parallélépipèdes à base carrée qu'il y a de petits carrés.

Si on divise DK en cinq parties égales, et si par les points de division on mène des plans perpendiculaires à DK, on divise le volume en cubes. On a ainsi cinq rangées de cubes contenant chacune 3×4 cubes. Le nombre total des cubes est donc :

$$3 \times 4 \times 5.$$

Par suite, si la commune mesure considérée est prise pour unité de longueur, chacun des cubes ayant alors l'unité de volume, le volume total sera représenté par

$$3 \times 4 \times 5.$$

265. Corollaire. — Le volume d'un cube se mesure par le cube du nombre qui mesure son arête.

En particulier, le volume d'un mètre cube s'exprime en décimètres cubes par $\overline{10}^3 = 1000$; il en résulte que les unités de volume : mètre cube, décimètre cube, centimètre cube, etc., sont de 1000 en 1000 fois plus petites.

266. Remarques. — 1° Il est bien entendu que les longueurs des arêtes doivent être évaluées au moyen de la même unité. Il est utile de prendre l'unité correspondant à l'unité de volume choisie pour évaluer le volume considéré. Par exemple, si on veut évaluer en décimètres cubes le volume d'un bassin qui aurait pour dimensions :

$$1^m,20,\ 0^m,80,\ 0^m,50,$$

on exprime les dimensions en décimètres; elles sont alors représentées par

$$12^{dm},\ 8^{dm},\ 5^{dm},$$

et le volume est

$$12 \times 8 \times 5 = 480^{dmc}.$$

2° On emploie souvent pour mesurer certains volumes une unité particulière, le *litre*, qui vaut 1 décimètre cube.

Le *décalitre* vaut 10 litres, l'*hectolitre* vaut 100 litres.

Le décilitre vaut $\frac{1}{10}$ de litre, le centilitre $\frac{1}{100}$ de litre.

En rapprochant ces définitions de ce qui a été dit au paragraphe précédent, on voit que 1 hectolitre équivaut à $\frac{1}{10}$ de décamètre cube et un centilitre à 10 centimètres cubes.

THÉORÈME VI

267. — **Le volume d'un parallélépipède droit est égal au produit de sa base par l'arête perpendiculaire à cette base** (*fig.* 152).

Soit ABCD la base d'un parallélépipède droit, menons par le point A un plan perpendiculaire à AB; ce plan détermine une section droite APQE. Le parallélépipède

donné est équivalent à celui qui aurait pour base APQE
et pour hauteur l'arête AB.

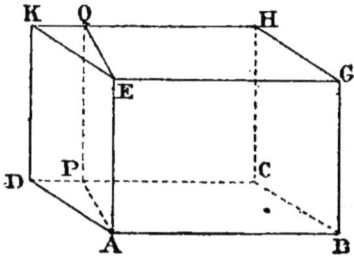

Le volume de ce dernier
est : $AP \times AE \times AB$.

Mais AP étant perpendicu-
laire à AB, puisqu'elle est
dans un plan perpendicu-
laire à AB, est la hauteur
du parallélogramme ABCD.
Et on a :

$$ABCD = AP \times AB,$$

donc, le volume cherché s'exprime par

$$V = ABCD \times AE.$$

Fig. 152.

THÉORÈME VII

**268. — Le volume d'un parallélépipède quel-
conque est égal au produit de sa base par sa hauteur** (*fig.* 153).

Menons une section droite PQRS perpendiculaire à AB.

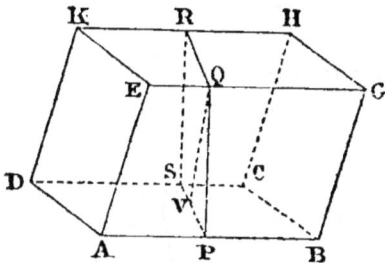

Le parallélépipède consi-
déré est équivalent à celui
qui aurait pour base PQRS,
pour arête AE, et qui serait
droit.

Or, si on abaisse QV per-
pendiculaire sur PS, cette
droite est perpendiculaire
sur ABCD (**240**). C'est donc
à la fois la hauteur du pa-

Fig. 153.

rallélépipède donné, et celle du parallélogramme PQRS.

Le parallélépipède droit a pour volume :

$$PQRS \times AB$$

ou

$$QV \times PS \times AB.$$

Mais PS, étant perpendiculaire à AB, est la hauteur de ABCD,

$$PS \times AB = ABCD,$$

donc

$$V = ABCD \times QV.$$

Théorème VIII.

269. — Le volume d'un prisme est équivalent au produit de sa base par sa hauteur (*fig.* 154).

1° Considérons d'abord un prisme triangulaire ABC, A'B'C', si on mène par AA' un plan parallèle à la face BB'CC', et par CC' un plan parallèle à la face AA'BB', on forme un parallélépipède ABCDA'B'C'D', car ABCD et A'B'C'D' sont des parallélo-
grammes.

Soit EFGH une section droite; c'est un parallélogramme, donc les deux triangles EFG, HEG, sections droites des deux prismes ABCA'B'C', DACD'A'C', sont égaux. Les deux prismes sont par suite équivalents (**259**). Et chacun d'eux équivaut à la moitié du parallélépipède. Si on appelle H la hauteur de celui-ci, son volume est

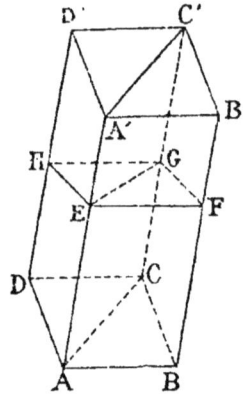

Fig. 154.

$$ABCD \times H,$$

le volume du prisme donné peut donc s'exprimer par

$$ABC \times H,$$

puisque ABC est la moitié de ABCD.

2° Soit ABCDEA'B'C'D'E' un prisme quelconque (*fig.* 155). On peut le décomposer en prismes triangulaires ayant tous même hauteur H.

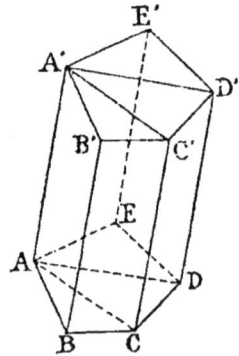

Fig. 155.

Le volume du prisme est

$$V = ABC \times H + ACD \times H + ADE \times H$$

ou

$$V = (ABC + ACD + ADE) \times H = ABCDE \times H.$$

270. Remarque. — Si on appelle B la base d'un prisme, H sa hauteur, le volume est donné par la formule

$$V = B \times H.$$

La base B s'évalue par une formule de géométrie plane; si elle est un parallélogramme, on retrouve les expressions données pour les parallélépipèdes.

271. Corollaire. — Le volume d'un prisme est équivalent au produit de sa section droite par son arête.

EXERCICES

1. — Le carré d'une diagonale d'un parallélépipède rectangle est égal à la somme des carrés des trois arêtes.
Application au cas où les arêtes seraient de $0^m,003$, $0^m,004$, $0^m,012$.

2. — Un réservoir a la forme d'un parallélépipède rectangle; un des côtés horizontaux est de $0^m,50$, l'autre de $0^m,80$, la contenance du réservoir est de 500 litres; quelle est sa profondeur?

3. — Un réservoir a la forme d'un prisme droit dont la base serait un hexagone régulier ayant $0^m,60$ de côté, la hauteur est 2 mètres. Calculer en litres le volume du réservoir.

4. — Dans un parallélépipède rectangle une arête est les $\frac{3}{5}$ et l'autre les $\frac{4}{5}$ de la hauteur. Le volume est de 480 litres; trouver les longueurs des arêtes.

5. — Une poutre a pour longueur $3^m,60$, sa section est un carré de $0^m,20$ de côté; calculer son poids, sachant que le bois dont elle est formée a pour poids spécifique 0,80.

6. — Un prisme triangulaire a pour volume le produit d'une face latérale par la distance à cette face d'un point de l'arête opposée.

7. — Calculer le volume d'un parallélépipède, sachant que sa base est un losange dont les diagonales ont pour longueurs $4^m,50$ et $3^m,60$, et que la hauteur est $12^m,25$. Exprimer le volume en litres.

8. — Un prisme droit a pour base un triangle rectangle dont les côtés de l'angle droit ont $4^m,50$ et $12^m,50$. Son volume est $211^{mc},50$. Trouver sa hauteur.

9. — Un bassin rectangulaire contient lorsqu'il est plein 26,400 litres d'eau. La surface du fond est $9^m,60$ et la largeur $1^m,20$. Calculer la longueur et la profondeur.

10. — Une pompe fournit 2 litres 1/4 d'eau par coup ; on donne 15 coups à la minute. Combien faudra-t-il de temps pour remplir un réservoir qui a la forme d'un parallélépipède rectangle ayant pour dimensions $3^m,60$, $2^m,40$ et 1 mètre ?

11. — On a payé $19^{fr},20$ pour la taille d'une pierre cubique, à raison de $1^{fr},60$ le mètre carré. Quel est le côté de cette pierre ? quel est son volume ?

PYRAMIDES ET TRONCS DE PYRAMIDES

272. Définitions. — On appelle *pyramide* un polyèdre dont une face est un polygone quelconque, les autres étant des triangles qui ont un sommet commun S, et pour côtés opposés les côtés de ce polygone (*fig.* 156).

Celui-ci est la *base* de la pyramide ; les autres faces sont les *faces latérales*. Le point S est le *sommet* de la pyramide.

La *hauteur* d'une pyramide est la distance SH du sommet à la base.

. Les arêtes qui partent du sommet sont les *arêtes latérales*.

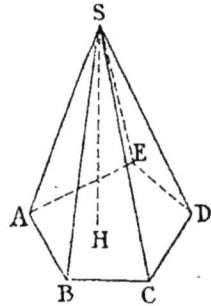

Fig. 156.

On dit qu'une pyramide est *triangulaire, quadrangulaire, pentagonale*, etc., suivant que sa base est un triangle, un quadrilatère, un pentagone. La pyramide triangulaire est souvent appelée *tétraèdre*.

On dit qu'une pyramide est *régulière*, si sa base est un polygone régulier et si sa hauteur a pour pied le centre de ce polygone.

. Les arêtes latérales, s'écartant également du pied de la perpendiculaire, sont égales (**229**).

On appelle *tronc de pyramide* le volume compris entre la base de la pyramide et un plan parallèle à cette base. Les deux faces parallèles sont les *bases* du tronc.

Théorème IX

273. — Si on coupe une pyramide par un plan parallèle à la base :

1° Les arêtes latérales et la hauteur sont divisées en segments proportionnels;

2° La section obtenue est semblable à la base (*fig.* 157).

1° Soient H, H' les points où la hauteur coupe la base et le plan parallèle, AH est parallèle à A'H', on a donc :

$$\frac{SA'}{SA} = \frac{SH'}{SH},$$

on aurait de même $\dfrac{SB'}{SB} = \dfrac{SH'}{SH}$, etc.

2° A'B' est parallèle à AB, B'C' à BC, etc.; donc la section et la base ont leurs angles égaux. En outre,

$$\frac{A'B'}{AB} = \frac{SA'}{SA} = \frac{SH'}{SH},$$

donc le rapport des côtés est constamment égal au rapport des segments déterminés sur la hauteur.

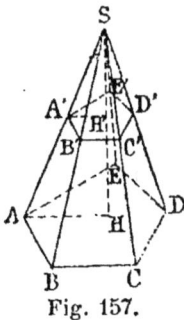
Fig. 157.

274. Corollaires. — 1° Les bases d'un tronc de pyramide sont semblables.

2° Les surfaces des sections faites par des plans parallèles sont dans le rapport des carrés des distances au sommet, car leur rapport de similitude est le rapport de ces distances.

Théorème X

275. — Deux pyramides triangulaires de bases équivalentes et de hauteurs égales sont équivalentes.

1° Je remarque d'abord qu'une pyramide triangulaire est plus petite que le prisme qui aurait même base et même hauteur; car, si on construit un prisme ayant ABC pour base et SB pour arête, ce prisme ABCPQS contient outre la pyramide SABC une pyramide SACQP (*fig.* 158).

De même, un tronc de pyramide triangulaire est plus grand que le prisme qui aurait pour base la petite base et pour hauteur la hauteur du tronc, et il est plus petit que le prisme qui aurait pour base la grande base et pour hauteur la hauteur du tronc. En effet, soit ABCA'B'C' le tronc de pyramide (*fig.* 159). Si on prend

$$AD = A'B', \quad AE = A'C',$$

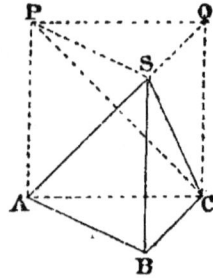

Fig. 158.

ADEA'B'C' sera le premier prisme en question, et il est tout entier à l'intérieur du tronc.

Si on prend A'D' = AB, A'E' = AC, A'D'E'ABC sera le second prisme, et le tronc y est tout entier contenu.

2° Soit SABC une pyramide triangulaire (*fig.* 160), divisons l'arête SA en un certain nombre de parties égales, 4 par exemple, et par les points de division menons des plans parallèles à la base.

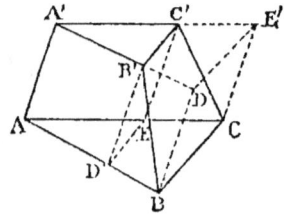

Fig. 159.

On divise la pyramide en quatre volumes, une pyramide et trois troncs ayant chacun pour hauteur $\frac{H}{4}$. Désignons par V_1, V_2, V_3, V_4, ces quatre volumes; par $B_1 \; B_2 \; B_3$ les trois sections intermédiaires, par B la base de la pyramide. On a, d'après ce qui précède :

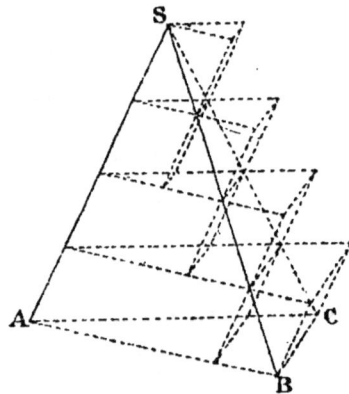

Fig. 160.

$$B_1 \frac{H}{4} > V_1,$$

$$B_2\frac{H}{4} > V_2 > B_1\frac{H}{4},$$

$$B_3\frac{H}{4} > V_3 > B_2\frac{H}{4},$$

$$B\frac{H}{4} > V_4 > B_3\frac{H}{4}.$$

Le volume V de la pyramide est égal à $V_1+V_2+V_3+V_4$.
Ce volume est compris entre deux sommes de prismes qui diffèrent seulement par le terme $B\frac{H}{4}$. Si au lieu de diviser SA en quatre parties, on la divisait en n parties, V serait compris entre deux sommes dont la différence serait $B\frac{H}{n}$; donc, lorsque n devient de plus en plus grand, on a des valeurs de plus en plus approchées de V, l'une par excès, l'autre par défaut, qui sont données par les deux sommes de prismes. Autrement dit, V est la limite commune à ces deux sommes de prismes.

3° Ceci posé, considérons deux pyramides de bases équivalentes et de hauteurs égales. Si on divise les arêtes en un même nombre de parties égales, on obtient, en opérant comme précédemment, pour chaque pyramide deux valeurs approchées.

Les prismes dont les sommes constituent ces valeurs approchées sont deux à deux équivalents, car ils ont même hauteur, et leurs bases sont équivalentes. En effet, si les arêtes sont divisées en quatre parties par exemple, la première section à partir du sommet est $\frac{1}{4^2}=\frac{1}{16}$ de la base, la seconde est $\frac{2^2}{4^2}=\frac{4}{16}$, la troisième $\frac{3^2}{4^2}=\frac{9}{16}$, et, les deux bases étant équivalentes, les sections de même ordre le sont aussi.

Les volumes des deux pyramides sont par suite équivalents, puisqu'ils sont respectivement les limites de sommes de prismes deux à deux égaux.

THÉORÈME XI

276. — Une pyramide triangulaire est équivalente au tiers d'un prisme qui aurait même base et même hauteur (*fig.* 161).

Soit SABC une pyramide, je construis le prisme ABC SPQ, qui a pour base ABC et pour arête SB ; ce prisme a pour base celle de la pyramide, sa hauteur est la distance de S à ABC, c'est-à-dire la hauteur de la pyramide.

Le prisme contient outre SABC la pyramide quadrangulaire SACQP qui peut se décomposer en SACP, SCQP. Ces deux dernières pyramides sont équivalentes, car elles ont même hauteur, et leurs bases sont égales, puisque ACQP est un parallélogramme. D'autre part, SCQP peut être considérée comme ayant pour base PQS ; cette base est celle du prisme et la hauteur de la pyramide est aussi celle du prisme. Donc SCQP est équivalente à SABC.

Fig. 161.

SCQP étant équivalente à chacune des autres pyramides, le prisme équivaut à trois fois l'une d'elles, SABC, par exemple.

277. Corollaire. — Le volume d'une pyramide se mesure par le tiers du produit de la base par la hauteur (*fig.* 162).

Si une pyramide triangulaire a pour base B et pour hauteur H, le prisme correspondant a pour volume $B \times H$ et la pyramide $\frac{1}{3} B \times H$.

Fig. 162.

Si une pyramide a une base quelconque, on peut la

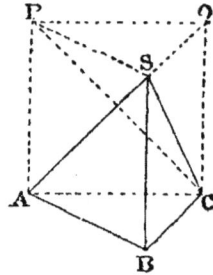

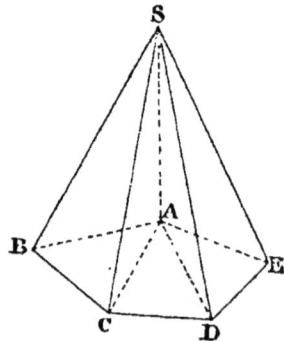

décomposer en pyramides triangulaires de même hauteur.
Le volume SABCDE, par exemple, sera :

$$V = \frac{1}{3}\, ABC \times H + \frac{1}{3}\, ACD \times H + \frac{1}{3}\, ADE \times H$$

$$= \frac{1}{3}\, ABCDE \times H,$$

donc on a d'une façon générale $V = \frac{1}{3}\, B \times H$.

Il résulte de là que, si deux pyramides ont même hauteur, elles sont dans le même rapport que leurs bases.

THÉORÈME XII

278. — **Un tronc de pyramide triangulaire est équivalent à la somme de trois pyramides P_1, P_2, P_3, qui ont même hauteur que le tronc et qui ont pour bases respectivement :**
   1° La grande base;
   2° La petite base;
   3° Une moyenne proportionnelle entre ces bases (*fig.* 163).

Soit ABC A'B'C' un tronc de pyramide triangulaire, le plan AB'C la décompose en deux pyramides, l'une triangulaire B'ABC, l'autre quadrangulaire B'ACC'A'.

La première a même hauteur que le tronc, et sa base est la grande base ABC que je désignerai par B, son volume est donc $\frac{1}{3}\, BH = P_1$.

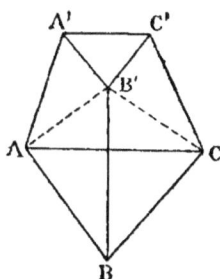

Fig. 163.

La seconde peut se décomposer en deux autres. B'AA'C' et B'ACC'. Or, B'AA'C' peut être considérée comme ayant pour sommet A et pour base A'B'C', petite base du tronc que je désignerai par b.

Sa hauteur est H, donc son volume est

$$\frac{1}{3}\, bH = P_2.$$

Il ne reste plus à évaluer que la troisième pyramide.

Les pyramides P_2 et P_3 peuvent être considérées comme ayant pour sommet commun B', leurs bases sont alors AA'C' et ACC', triangles situés dans un même plan. Donc, elles ont même hauteur; par suite, elles sont dans le même rapport que leurs bases :

$$\frac{P_2}{P_3} = \frac{AA'C'}{ACC'} = \frac{A'C'}{AC},$$

la dernière égalité résulte de ce que les deux triangles ont tous deux pour hauteur celle du trapèze AC A'C'; ces triangles sont alors dans le même rapport que leurs bases.

Les pyramides P_3 et P_1 peuvent être considérées comme ayant pour sommet A, leurs bases sont alors B'CC' et B'BC, elles sont dans un même plan. On a comme précédemment

$$\frac{P_3}{P_1} = \frac{B'CC'}{B'BC} = \frac{B'C'}{BC}.$$

Or, A'B'C' et ABC étant semblables, on a $\dfrac{B'C'}{BC} = \dfrac{A'C'}{AC}$,

donc
$$\frac{P_2}{P_3} = \frac{P_3}{P_1},$$

$$\overline{P_3}^2 = P_1 P_2.$$

Or, P_1 a pour expression $\dfrac{1}{3}$ BH,

donc : P_2 — — $\dfrac{1}{3} b$H,

$\overline{P_3}^2$ a donc pour expression $\dfrac{1}{9}$ BbH^2, et par suite,

$$P_3 = \frac{1}{3} \sqrt{Bb}\, H.$$

Donc
$$V = \frac{1}{3}(B + b + \sqrt{Bb})\, H.$$

279. Corollaire. — Cette formule s'applique à un tronc de pyramide quelconque, car un tronc de pyramide peut être considéré comme la différence de deux pyramides. Soient SABCDE, SA′B′C′D′E′ ces deux pyramides. Considérons une pyramide triangulaire dont la base PQR serait dans le plan de ABCDE et équivalente à ce polygone, et dont le sommet T serait dans le plan parallèle mené par S. SABCDE, TPQR ont même hauteur et des

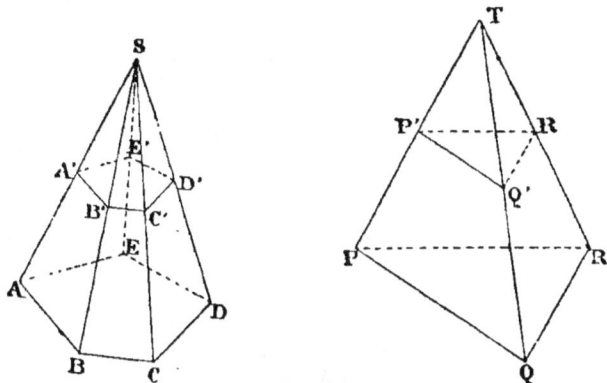

Fig. 164.

bases équivalentes. Si on coupe TPQR par le plan de la petite base A′B′C′D′E′, on obtient P′Q′R′ équivalent à A′B′C′D′E′, puisque les rapports de ces deux polygones aux bases, supposées équivalentes, sont les mêmes.

Donc P′Q′R′ équivaut à SA′B′C′D′E′. Par suite, les deux troncs de pyramides sont équivalents. Et, comme ils ont même hauteur et des bases équivalentes, la formule s'applique à tous deux.

280. Remarque. — Les deux bases d'un tronc étant semblables, il est souvent commode d'employer une formule où entre le rapport de similitude. Si on désigne celui-ci par m, le rapport des surfaces des bases étant m^2, on a $b = Bm^2$. On a alors $Bb = B^2m^2$, par suite $\sqrt{Bb} = Bm$, donc

$$V = \frac{1}{3}(B + Bm^2 + Bm)H = \frac{1}{3}BH(1 + m + m^2),$$

B désigne la grande base si $m < 1$. La formule s'applique

au cas où B désignerait la petite base, *m* étant alors plus grand que 1.

EXERCICES

1. — Le plan bissecteur d'un dièdre d'un tétraèdre divise l'arête opposée en parties proportionnelles aux faces adjacentes.

2. — Si on joint chaque sommet d'un tétraèdre au point de concours des médianes de la face opposée, on obtient quatre droites qui se coupent au quart de chacune à partir de la face correspondante. Les quatre tétraèdres qui auraient ce point pour sommet et dont les bases seraient les faces du tétraèdre donné sont équivalents.

3. — Evaluer, connaissant l'arête a, le volume d'un tétraèdre régulier (tétraèdre dont toutes les faces sont des triangles équilatéraux).

4. — Evaluer en litres le volume d'un tronc de pyramide à base carrée qui a pour hauteur $0^m,36$, les bases ayant pour côtés $1^m,25$ et $0^m,75$.

5. — Un tronc de pyramide a pour base inférieure un triangle rectangle dont les côtés de l'angle droit ont $0^m,30$ et $0^m,40$; la base supérieure a une hypoténuse de $0^m,25$. Le volume du tronc étant de 14 litres, quelle est sa hauteur?

———

LIVRE VII

LES CORPS RONDS

CYLINDRE

281. Définitions. — On appelle *cylindre droit à base circulaire* ou plus simplement *cylindre* le volume engendré par un rectangle OAA′O′ tournant autour d'un de ses côtés OO′ (*fig.* 165).

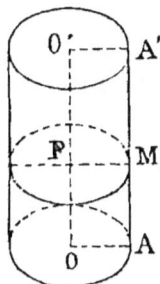

On appelle OO′ l'*axe* du cylindre; AA′ est l'*arête* ou la *génératrice*. L'arête engendre une surface qu'on appelle *surface latérale* du cylindre.

OA et O′A′ décrivent des cercles qu'on appelle les *bases* du cylindre; on appelle *hauteur* la distance des plans des bases, elle est égale à l'arête ou à la distance des centres des bases.

Fig. 165.

On appelle *rayon* du cylindre le rayon d'une base.

Remarque. — Un cylindre peut être considéré comme la figure limite des prismes droits ayant pour base des polygones réguliers inscrits ou circonscrits à la base du cylindre; de même que, lorsque le nombre des côtés de ces polygones augmente indéfiniment, ces polygones ont pour limite la base du cylindre.

Théorème I

282. — **Le volume d'un cylindre de rayon R et de hauteur H s'exprime par**

$$V = \pi R^2 H.$$

En effet, si on considère des polygones réguliers, l'un inscrit, l'autre circonscrit à la base, les prismes droits qui ont ces polygones pour bases et qui ont même hauteur que le cylindre sont l'un plus petit, l'autre plus grand que le cylindre.

Leurs volumes sont, si B_1 et B_2 représentent les surfaces des polygones,

$$B_1 H, B_2 H;$$

B_1 et B_2 ont pour limite commune πR^2, si le nombre des côtés des polygones augmente indéfiniment ; donc les volumes des prismes ont pour limite commune

$$\pi R^2 H.$$

THÉORÈME II

283. — La surface latérale d'un cylindre de rayon R et de hauteur H s'exprime par

$$S = 2\pi RH.$$

Pour établir ce théorème, il suffit de montrer que la surface latérale d'un cylindre peut être développée sur un plan.

Considérons d'abord un prisme ABCDE A'B'C'D'E' (*fig.* 166); si on fend la surface latérale le long de l'arête AA', on peut faire tourner AA'BB' autour de BB' de façon à l'amener dans le prolongement de la face contiguë BB'CC'. On peut faire tourner l'ensemble de ces deux faces, mises ainsi en prolongement, autour de CC', et ainsi de suite. On arrive à amener toutes les faces latérales dans un même plan.

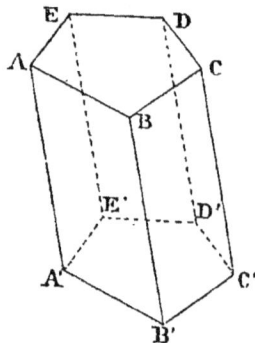

Fig. 166.

Si le prisme est droit, les faces sont des rectangles, AB vient en prolongement de BC, etc., de sorte que le développement de la surface latérale donne un rectangle dont les côtés sont égaux, l'un à la hauteur du prisme, l'autre au périmètre de sa base.

Ce qui précède s'applique à un prisme, quelle que soit la grandeur des faces. Les prismes réguliers, dont le cylindre est la limite, ayant des surfaces latérales développables, il en est de même pour le cylindre. La surface latérale de celui-ci donne un rectangle dont les côtés sont la hauteur du cylindre et la circonférence de la base. Ce rectangle a pour surface $2\pi RH$.

Remarque. — Inversement, un rectangle peut être enroulé sur un prisme droit ou sur un cylindre; il recouvrira exactement la surface latérale, si ses côtés sont égaux respectivement à la hauteur du solide et au périmètre d'une section droite.

CONE

284. Définitions. — On appelle *cône droit à base circulaire* ou plus simplement *cône* le volume engendré par

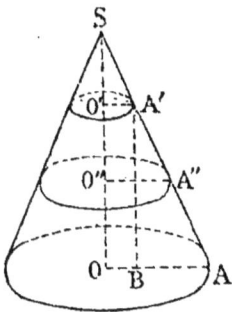

[Fig. 167.

un triangle rectangle SOA qui tourne autour d'un des côtés de l'angle droit SO (*fig.* 167).

Le point S est le *sommet* du cône; la droite SO est l'*axe*, sa longueur est la *hauteur*. SA est l'*arête* du cône ou la *génératrice*, ou encore l'*apothème*. OA est le rayon du cercle de base du cône ou le *rayon* du cône.

Si on appelle H la hauteur, A l'arête, R le rayon, on a entre ces longueurs la relation (167) :

$$A^2 = R^2 + H^2.$$

De même qu'un cylindre peut être considéré comme une limite de prismes, un cône peut être considéré comme limite de pyramides régulières qui auraient même sommet et dont les bases seraient des polygones réguliers inscrits ou circonscrits au cercle de base.

Si on coupe un cône par un plan parallèle à la base, on forme un *tronc de cône*. Les *bases* du tronc sont les cercles qui le limitent, son *arête* est le segment d'arête du cône compris entre les deux bases ; sa *hauteur* est la distance des deux bases.

Si on appelle R, R' les rayons des bases, H la hauteur, A l'arête d'un tronc de cône OA A'O', on a, en menant A'B parallèle à OO', un triangle rectangle A'AB dans lequel

$$\overline{AA'}^2 = \overline{A'B}^2 + \overline{BA}^2.$$

Mais AA' est l'arête A, A'B est égale à OO' ou H, et BA est la différence OA — OB ou OA — O'A', ou enfin R — R'. On a donc :

$$A^2 = H^2 + (R - R')^2.$$

Si O'' est le milieu de OO', la section parallèle à la base menée par O'' a un rayon O''A'' ou R'' égal à la demi-somme des rayons R et R' des bases (133).

Théorème III

285. — Le volume d'un cône de rayon R et de hauteur H s'exprime par

$$V = \frac{1}{3}\pi R^2 H.$$

En effet, il suffit de répéter ce qui a été dit pour le cylindre, en considérant des pyramides au lieu de prismes. La formule

$$V = \frac{1}{3} BH,$$

établie pour les pyramides, s'applique au cas du cône. B étant alors égal à πR^2.

Théorème IV

286. — La surface latérale d'un cône de rayon R et d'arête A s'exprime par

$$S = \pi RA.$$

Pour établir ce théorème, il suffit de montrer que la surface latérale d'un cône peut être développée sur un plan. Or on peut développer ainsi la surface latérale d'une pyramide en fendant cette surface le long d'une arête et en rabattant successivement chaque face sur le rabattement de la face contiguë ; comme on l'a fait pour développer la surface latérale d'un prisme. Si la pyramide est régulière et a pour arête A, les différentes faces étant des triangles isocèles, les sommets de la base viennent sur un cercle de rayon A, et, comme la somme des faces est inférieure à quatre droits (**252**), le développement de la surface donne un secteur polygonal. La surface latérale d'un cône donne un secteur circulaire de rayon A, la longueur de l'arc étant $2\pi R$. Donc, la surface de ce secteur est πRA.

Remarque. — Inversement, si on a un secteur circulaire, on peut l'enrouler sur un cône dont l'arête serait égale au rayon du secteur, la circonférence de base étant égale à l'arc qui limite le secteur.

THÉORÈME V

287. — **Le volume d'un tronc de cône dont les rayons sont R et R′ et la hauteur H s'exprime par**

$$V = \frac{1}{3}\pi(R^2 + RR' + R'^2)H.$$

En effet, un tronc de cône peut être considéré comme la limite d'un tronc de pyramide. On peut donc appliquer la formule

$$V = \frac{1}{3}(B + \sqrt{Bb} + b)H,$$

en faisant $B = \pi R^2$, $b = \pi R'^2$, d'où on déduit

$$Bb = \pi^2 R^2 R'^2 ;$$

et par suite,

$$\sqrt{Bb} = \pi RR';$$

on a alors la formule énoncée

$$V = \frac{1}{3}(\pi R^2 + \pi RR' + \pi R'^2)H = \frac{1}{3}\pi(R^2 + RR' + R'^2)H.$$

THÉORÈME VI

**288. — La surface latérale d'un tronc de cône
dont les rayons sont R, R′ et l'arête A s'exprime par**

$$S = \pi (R + R')A.$$

En effet, on peut considérer le tronc de cône comme la
différence de deux cônes ; si x est l'arête du plus petit,
$A + x$ sera l'arête du plus grand. Leurs surfaces latérales
sont :

$$\pi R (A + x) \quad \text{et} \quad \pi R' x.$$

La surface du tronc est :

$$S = \pi R (A + x) - \pi R' x.$$

La figure 167 donne :

$$\frac{SA}{OA} = \frac{SA'}{OB} = \frac{A'A}{AB}.$$

Or, $\quad SA = A + x, \; SA' = x, \; AA' = A,$

$OA = R, \; OB = OA' = R', \; AB = OA - OB = R - R',$
on a donc :

$$\frac{A + x}{R} = \frac{x}{R'} = \frac{A}{R - R'};$$

et par suite,

$$S = \pi \frac{AR^2}{R - R'} - \pi \frac{AR'^2}{R - R'} = \pi A \frac{R^2 - R'^2}{R - R'}.$$

Si on remarque que

$$R^2 - R'^2 = (R + R') (R - R'),$$

on a :

$$S = \pi A (R + R').$$

Le rayon R'' de la section moyenne étant égal à

$$\frac{R + R'}{2},$$

on a aussi :

$$S = 2\pi R'' A.$$

EXERCICES

. — Calculer le volume, la surface latérale et la surface totale d'un cylindre qui a pour rayon $0^m,15$ et pour hauteur $0^m,48$.

2. — Une feuille de papier rectangulaire a $0^m,30$ sur $0^m,18$; calculer le volume du cylindre dont cette feuille pourrait recouvrir exactement la surface latérale : 1° en supposant qu'on laisse rectiligne le plus petit côté ; 2° en supposant qu'on laisse rectiligne le plus grand côté.

3. — Calculer le volume, la surface latérale et la surface totale d'un cône dont le rayon de base est $0^m,20$ et l'arête $0^m,52$.

4. — Même problème, sachant que la hauteur est $0^m,60$ et l'arête $0^m,65$.

5. — On enroule un demi-cercle de $0^m,10$ de rayon de façon à former un cône. Calculer le volume de ce cône.

6. — Un tronc de cône a pour rayons de bases $0^m,10$ et $0^m,16$, son arête est $0^m,10$. Calculer son volume à un centilitre près.

7. — Un fût de colonne cylindrique en marbre a pour épaisseur $0^m,0350$ et pèse 700 kilogrammes. Trouver le rayon de la base, sachant qu'un morceau de ce marbre pesant 459 grammes a un volume de 17 centilitres.

8. — Un verre cylindrique a $0^m,06$ de diamètre et $0^m,08$ de profondeur. Un verre à pied conique a $0^m,08$ de diamètre et $0^m,09$ de profondeur. Calculer :

1° Le rapport des deux volumes ;

2° Les contenances des deux verres.

SPHÈRE

289. Définition. — On appelle *sphère* la surface lieu des points également distants d'un point fixe. Ce point est le *centre* de la sphère.

On appelle *rayon* de la sphère la distance d'un point de la surface au centre.

On appelle *diamètre* toute droite passant par le centre. Un diamètre est double du rayon.

La sphère peut être engendrée par la rotation d'un demi-cercle décrit sur l'un quelconque de ses diamètres. Car les points de ce demi-cercle sont à une distance égale au rayon ; et inversement, étant donné un point de la sphère, on peut faire passer par ce point un demi-cercle ayant pour diamètre le diamètre considéré.

290. — Toute section plane d'une sphère est un cercle.

Si le plan passe par le centre, tous les points de la section sont à une distance du centre égale au rayon R de la sphère ; c'est donc un cercle du rayon R.

Si le plan ne passe pas par le centre (*fig.* 168), soit OI la perpendiculaire abaissée du centre O sur le plan et soit A un point de la section, on a (167) :

$$\overline{IA}^2 = \overline{OA}^2 - \overline{OI}^2 = R^2 - d^2,$$

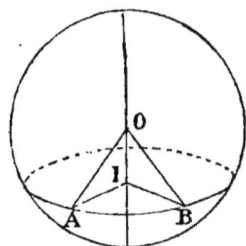

Fig. 168.

si on appelle d la distance du plan sécant au centre. Tous les points de la section sont donc sur le cercle de rayon r, tel que :

$$r^2 = R^2 - d^2.$$

Cette formule montre que le rayon de la section diminue lorsque la distance du plan sécant au centre va en augmentant.

Les cercles du plus grand rayon sont ceux dont les plans passent par le centre : on les appelle les *grands cercles* de la sphère.

Les autres cercles sont appelés *petits cercles*.

291. Corollaires. — 1° Une droite ne coupe une sphère qu'en deux points.

En effet, le plan passant par cette droite et par le centre coupe la sphère suivant un grand cercle ; les points d'intersection de la sphère et de la droite sont ceux du grand cercle et de la droite.

Donc, la droite coupe en deux points si la distance au centre est inférieure au rayon ; elle ne coupe pas si la distance est supérieure au rayon ; elle n'a qu'un point de commun avec la sphère si sa distance au centre est égale au rayon. On dit alors que la droite est *tangente* à la sphère.

2° Deux grands cercles se coupent en parties égales.

En effet, l'intersection de leurs plans passe par le centre, puisque le centre appartient à chacun des plans ; donc cette intersection coupe chacun des grands cercles en deux points diamétralement opposés.

3° Tout grand cercle divise la sphère en deux parties égales.

Car, si on fait tourner l'une des parties autour d'un des diamètres du grand cercle considéré, on peut amener chaque point de cette partie à coïncider avec le point symétrique par rapport à ce diamètre ; point qui est situé sur l'autre partie.

4° Par trois points de la sphère, on peut faire passer un cercle situé sur la sphère.

Car ces trois points ne sont pas en ligne droite et leur plan coupe la sphère suivant un cercle qui répond à la question.

5° Par deux points de la sphère, on peut faire passer un grand cercle.

Car, par ces points et le centre, on peut faire passer un plan qui coupe la sphère suivant un grand cercle. Si les points donnés ne sont pas diamétralement opposés, il n'y a qu'un plan passant par ces points et le centre ; par suite, on n'obtient qu'un grand cercle. Si les points sont diamétralement opposés, tout plan passant par ces points passe par le centre. On a ainsi une infinité de grands cercles.

Théorème VIII

292. — Par quatre points non situés dans un même plan on peut faire passer une sphère et une seule.

Autrement dit, il existe un point et un seul égale-

ment distant de quatre points donnés, et non situés dans un même plan.

Soient A, B, C, D les points donnés (*fig.* 169). Le lieu des points également distants de A et B est le plan perpendiculaire au milieu de AB (**230**).

Les points A, B, C ne sont pas en ligne droite, sans quoi A, B, C, D seraient dans un plan. Donc, les plans perpendiculaires au milieu de AB et au milieu de AC se coupent suivant une droite, lieu des points équidistants de A, B, C. Cette droite est aussi dans le plan perpendiculaire au milieu de BC. Elle est perpendiculaire au plan ABC, puisqu'elle est perpendiculaire aux côtés du triangle ABC. Son pied est le centre du cercle circonscrit à ABC, puisqu'il est également distant de ces trois points. Cette droite est ce qu'on appelle l'*axe* du cercle passant par A, B, C.

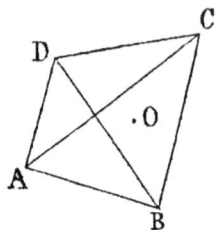

Fig. 169.

Le plan perpendiculaire au milieu de AD coupe cet axe en un point O, qui est également distant de A, B, C, D; c'est le centre de la sphère cherchée.

293. Remarques. — 1° Tout point de l'axe d'un cercle est également distant des divers points de ce cercle. Car ses distances aux points du cercle sont des obliques qui s'écartent également du pied de la perpendiculaire (**229**).

2° Si on considère un tétraèdre ABCD, les quatre axes des cercles circonscrits aux faces concourent en un point O, centre de la sphère qui passe par A, B, C, D.

Les six plans perpendiculaires sur les arêtes AB, AC, AD, BC, BD, CD en leurs milieux passent par ce même point.

294. Définition. — On appelle *pôles* d'un cercle tracé sur la sphère, les points où le diamètre, perpendiculaire au plan, perce la sphère.

Théorème IX

295. — Tous les points d'un cercle sont également distants d'un de ses pôles (*fig.* 170).

Soient P et P′ les pôles d'un cercle AB. Si on joint PA, P.C, ces longueurs sont égales comme obliques s'écartant également du pied de la perpendiculaire.

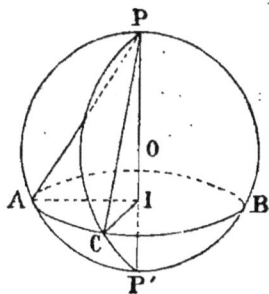

Fig. 170.

Il·résulte de là que chacun des pôles d'un cercle peut servir à tracer ce cercle à la surface de la sphère au moyen d'un compas à branches courbes dont on placerait une pointe au pôle considéré et auquel on donnerait une ouverture convenable.

296. Remarque. — Le triangle APP′, rectangle en A, a pour hypoténuse le diamètre 2R de la sphère, pour hauteur le rayon r du petit cercle, pour côtés de l'angle droit les *distances polaires* p et p' de chacun des pôles aux points du cercle. On a donc entre ces diverses longueurs des relations connues.

En particulier on a :

(137) $$2Rr = pp'$$
(167) $$4R^2 = p^2 + p'^2 ;$$

par suite, si sur une sphère du rayon R on trace un cercle de distance polaire p, le rayon de ce cercle sera donné par :

$$r = \frac{pp'}{2R} = \frac{p\sqrt{4R^2 - p^2}}{2R}.$$

Problème

297. — Trouver le rayon d'une sphère solide (*fig.* 171).

On aura la longueur du rayon d'une sphère, si on peut construire un triangle tel que le triangle PAP′ dont il était question dans le théorème précédent. Or, pour construire ce triangle, il suffit de connaître deux côtés du triangle PAI, car, ce dernier étant construit, la perpendiculaire élevée en A·sur AP rencontrera PI au point P'.

Si on décrit un cercle de P comme pôle avec AP comme distance polaire, on pourra prendre sur ce cercle trois

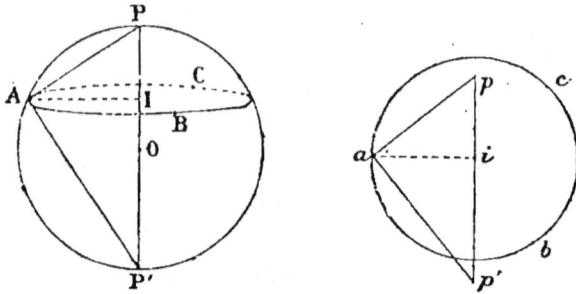

Fig. 171.

points ABC, mesurer leurs distances et construire le triangle *abc* qui aurait ces distances pour côtés. Le rayon du cercle circonscrit à ce triangle sera égal à *r;* soit *i* le centre de ce cercle.

On pourra alors construire un triangle rectangle ayant $ai = r$ pour côté de l'angle droit, $ap = AP$ pour hypoténuse; car il suffira de décrire de *a* comme centre un cercle de rayon AP qui coupera en *p* la perpendiculaire élevée en *i* sur *ai*. La perpendiculaire ap' élevée sur ap rencontrera *pi* au point p', pp' est le diamètre d'un grand cercle de la sphère.

On peut calculer R, connaissant $AP = p$ et le rayon $AI = r$, car on a (166) :

$$\overline{AP}^2 = PP' \times PI,$$

$$p^2 = 2R\sqrt{p^2 - r^2},$$

d'où
$$R = \frac{p^2}{2\sqrt{p^2 - r^2}}.$$

Remarque. — La solution du problème peut s'obtenir sans qu'on ait la sphère tout entière.

298. On a vu qu'une sphère ne pouvait être coupée par une droite qu'en deux points, et que, lorsque les deux points venaient à se confondre, la droite était dite *tangente* à la sphère.

Théorème X

299. — **Les tangentes menées à la sphère en un point de la surface sont dans un plan, qu'on appelle plan tangent. Le plan tangent est perpendiculaire au rayon qui aboutit au point de contact.**

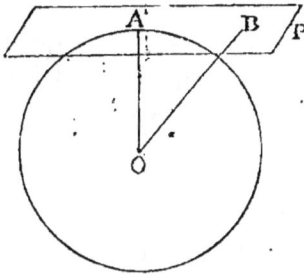

Fig. 172.

En effet, soit A un point de la sphère, AB une tangente (*fig.* 172), le plan OAB coupe la sphère suivant un grand cercle; la droite AB est tangente à ce cercle, donc elle est perpendiculaire au rayon OA (80). Les tangentes sont donc dans le plan perpendiculaire au rayon.

Théorème XI

300. — **Réciproquement, un plan perpendiculaire à l'extrémité d'un rayon est un plan tangent.**

En effet, menons par le rayon OA un plan quelconque, il coupe le plan perpendiculaire à OA suivant une droite perpendiculaire à OA. Cette droite est tangente au cercle déterminé par le plan sécant dans la sphère (**79**), par suite elle est tangente à la sphère.

Donc toute droite du plan perpendiculaire à OA menée par le point A est une tangente.

Remarque. — Le plan tangent est la position limite d'un plan sécant, lorsque sa distance au centre devient égale au rayon.

301. Définitions. — On appelle *zone* la portion de

surface d'une sphère comprise entre deux plans parallèles. La distance de ces plans est la *hauteur* de la zone.

La surface d'une zone peut être considérée comme engendrée par la rotation d'un arc de grand cercle tournant autour du diamètre perpendiculaire aux plans qui limitent la zone. Or, on sait qu'un arc de cercle peut être considéré comme la limite d'une ligne polygonale inscrite dont les côtés deviennent de plus en plus petits. Les différents côtés d'une ligne inscrite dans l'arc qui tourne autour du diamètre engendrent des surfaces latérales de troncs de cônes, de cylindres ou de cônes; surfaces qu'on sait évaluer. Pour obtenir la surface de la zone, il faut mettre l'expression de ces surfaces sous une forme telle qu'on puisse facilement :

1° Effectuer la somme de ces surfaces;

2° Trouver la limite de cette somme lorsque la ligne polygonale tend à se confondre avec l'arc.

C'est ce qu'on peut réaliser au moyen du théorème suivant :

THÉORÈME XII

302. — L'aire engendrée par un segment de droite tournant autour d'un axe situé dans son plan, et qu'il ne traverse pas, a pour mesure le produit de sa projection sur l'axe par la circonférence qui aurait pour rayon la perpendiculaire élevée au milieu du segment et limitée à l'axe.

Soit AB le segment tournant autour de XY (*fig.* 172). La surface engendrée par AB est celle d'un tronc de cône, elle a pour expression (288) :

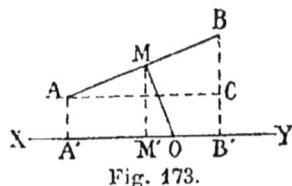

Fig. 173.

$$\text{Surf. } AB = \pi AB(AA' + BB')$$
$$= 2\pi AB \times MM',$$

si M est le milieu de AB et si A', B', M' sont les projections de A, B, M sur XY.

Je mène OM perpendiculaire à AB, et AC parallèle
à XY. Les triangles OMM', ABC sont semblables comme
ayant leurs côtés perpendiculaires deux à deux (155). On
en déduit :

$$\frac{AB}{OM} = \frac{AC}{MM'} \text{ ou } AB \times MM' = OM \times AC;$$

d'autre part AC est égal à A'B'; on peut donc remplacer
AB × MM' par OM × A'B' :

$$\text{Surf. } AB = 2\pi OM \times A'B'.$$

Si AB avait une extrémité sur l'axe, par exemple si A
coïncidait avec A', le raisonnement précédent subsiste
sans modification. Si AB était parallèle à XY, la formule
précédente serait évidemment exacte, AB décrivant alors
la surface latérale d'un cylindre. Donc la formule est absolument générale.

Théorème XIII

**303. — L'aire d'une zone a pour mesure le produit
de sa hauteur par la circonférence d'un grand
cercle** (fig. 174).

Soit XY le diamètre perpendiculaire aux plans de bases

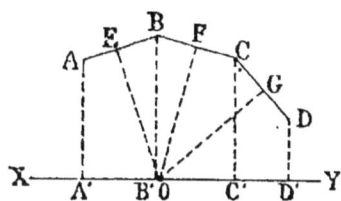

Fig. 174.

de la zone. Soit ABCD une ligne
polygonale régulière inscrite
dans l'arc qui engendre la zone
en tournant autour de XY. On
a :

$$\text{Surf. } ABCD = 2\pi OE \times A'B'$$
$$+ 2\pi OF \times B'C' + 2\pi OG \times C'D',$$

OE, OF, OG étant les apothèmes des cordes; soit r leur
valeur commune, on peut écrire :

$$\text{Surf. } ABCD = 2\pi r(A'B' + B'C' + C'D') = 2\pi r \times A'D'.$$

A'D' est la hauteur H de la zone; si on inscrit des lignes
polygonales régulières dont les côtés deviennent de plus

en plus petits, r tend à devenir égal au rayon R de la sphère. La zone qui est la limite des surfaces engendrées par les lignes inscrites a pour expression :

$$Z = 2\pi RH,$$

c'est l'expression qu'on trouve pour la surface latérale d'un cylindre ayant même rayon que la sphère et même hauteur que la zone.

Théorème XIV

304. — L'aire d'une sphère est équivalente à quatre fois l'aire d'un grand cercle.

En effet, la sphère est une zone de hauteur 2R. On a donc :

$$S = 2\pi R \times 2R = 4\pi R^2.$$

Si on appelle D le diamètre, on a :

$$S = \pi D^2.$$

Si on appelle C la circonférence d'un grand cercle, on a :

$$S = \frac{C^2}{\pi}.$$

Théorème XV

305. — Le volume d'un polyèdre convexe circonscrit à une sphère a pour mesure le tiers du produit de sa surface par le rayon de la sphère.

En effet, on peut décomposer le polyèdre en pyramides ayant toutes pour sommet le centre de la sphère et pour bases les différentes faces du polyèdre. Le volume de chaque pyramide se mesure par le tiers du produit de la surface du polygone de base par le rayon de la sphère, puisque le plan de base est perpendiculaire à l'extrémité du rayon. Si les surfaces sont S_1, S_2, S_3 etc..., la somme des volumes est :

$$\frac{1}{3} S_1 R + \frac{1}{3} S_2 R + \frac{1}{3} S_3 R + \dots = \frac{1}{3} R (S_1 + S_2 + S_3 + \dots)$$

$$= \frac{1}{3} R \times S,$$

S désignant la somme des aires des faces ou la surface totale du polyèdre.

306. Corollaire. — Si on circonscrit à une sphère des polyèdres dont les faces deviennent de plus en plus petites, la surface du polyèdre devient à la limite celle de la sphère. La formule précédente est applicable à la sphère, comme pour celle-ci on a :

$$S = 4\pi R^2,$$

le volume de la sphère s'exprime par :

$$V = \frac{1}{3} R \times 4\pi R^2 = \frac{4}{3} \pi R^3,$$

ou si on appelle D le diamètre :

$$V = \frac{1}{6} \pi D^3.$$

307. Remarque. — Le théorème précédent s'applique à un cylindre, un cône ou un tronc de cône, ces corps étant des limites de prismes, de pyramides ou de troncs de pyramides.

EXERCICES

1. — Calculer la surface et le volume d'une sphère qui aurait 0^m,12 de rayon.

2. — Calculer en millimètres le rayon que doit avoir une sphère pour que sa surface soit 1 mètre carré.

3. — Calculer les surfaces des zones de la terre en myriamètres carrés, sachant que la hauteur d'une zone glaciale est environ 0,105 du rayon de la terre, et celle d'une zone tempérée 0,497 du rayon.

4. — Démontrer que les tangentes menées à une sphère

parallèlement à une droite donnée forment un cylindre, *cylindre circonscrit.*

5. — Calculer la surface latérale, la surface totale et le volume d'un cylindre circonscrit à une sphère et limité aux deux plans tangents perpendiculaires à ses génératrices.

6. — Démontrer que les tangentes menées d'un point à une sphère forment un cône.

7. — Quel est le poids d'une boule sphérique en fonte dont le diamètre est de $0^m,40$ et l'épaisseur de $0^m,01$; la densité de la fonte étant 7,2.

8. — Une lentille est limitée par une portion de surface sphérique et par une surface plane circulaire. Le rayon du cercle est $0^m,12$, la distance du pôle de ce cercle au plan du cercle est $0^m,05$. Calculer le rayon de la sphère à laquelle appartient cette lentille.

9. — Une cuvette dont le fond est une portion de surface sphérique a un bord circulaire de $0^m,48$ de rayon. La distance d'un point du bord au point le plus bas de la cuvette est de $0^m,52$. Calculer :

1° Le rayon de la sphère à laquelle appartient la cuvette ;
2° La surface de cette cuvette.

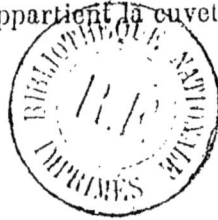

INDEX ALPHABÉTIQUE

DES TERMES EMPLOYÉS

Les nombres indiquent les numéros des pages où les mots se trouvent définis.)

TABLE DES MATIÈRES

www.ingramcontent.com/pod-product-compliance
Lightning Source LLC
Chambersburg PA
CBHW072016080426
42733CB00010B/1726